U0670904

人生を後悔することに
なる人・ならない人

与内心的冲突和解

〔日〕加藤谛三·著

赵净净·译

中国友谊出版公司

图书在版编目（CIP）数据

与内心的冲突和解 /（日）加藤谛三著 ；赵净净译
. — 北京 ：中国友谊出版公司，2019.7
ISBN 978-7-5057-4662-6

Ⅰ．①与… Ⅱ．①加… ②赵… Ⅲ．①心理学—通俗
读物 Ⅳ．① B84-49

中国版本图书馆 CIP 数据核字（2019）第 057031 号

JINSEIWO KOKAI SURU KOTONI NARUHITO, NARANAI HITO
Copyright © 2018 by Taizo KATO
First published in Japan in 2018 by PHP Institute, Inc.
Simplified Chinese translation rights arranged with PHP Institute, Inc.
through Bardon–Chinese Media Agency

书名	与内心的冲突和解
作者	［日］加藤谛三
译者	赵净净
出版	中国友谊出版公司
发行	中国友谊出版公司
经销	新华书店
印刷	大厂回族自治县益利印刷有限公司
规格	880×1230 毫米　32 开
	8 印张　145 千字
版次	2019 年 7 月第 1 版
印次	2019 年 7 月第 1 次印刷
书号	ISBN 978-7-5057-4662-6
定价	45.00 元
地址	北京市朝阳区西坝河南里 17 号楼
邮编	100028
电话	（010）64678009

前　言

你不想面对的是什么

　　长达半个世纪以来，我一直在做一档叫作"人生咨询热线"的广播节目。

　　开场白是这样的：

　　你不想面对的是什么？

　　然而只要勇敢面对它，你的人生道路必将开阔起来，无论过程多么艰辛。

　　灵感来源于乔治·温伯格①的一句话，即"不愿意正视和感受某种真理的心理欲求，被看作是神经官能症的根源"。当时引起我注意的是"神经官能症的根源"这句话。

　　总之，这里所谓的神经官能症，指的是"拒绝接受重要真理的行为"。

──────────

① 乔治·温伯格：美国著名心理学家。

如果把"神经症式纠葛"翻译为"烦恼",这个"烦恼"则"以自己一直不愿意面对的东西为焦点"。

我希望大家思考一下"我不愿意面对的东西的焦点是什么",所以在广播节目中,每次都重复着前面那句开场白。

此外,它还贯穿着本书的主题,且与卡伦·霍妮[①]、弗兰克尔[②]、马斯洛[③]、阿德勒[④]等先哲们关于"人如何活着"的宗旨一脉相承。

人类常常会陷入成长与倒退的纠葛。并且,回顾每次纠葛,选择倒退欲求,心理上会更轻松。但是,从长远来看,总是选择倒退欲求,最终只会到达人生失败的地狱。

倒退欲望如同麻醉药,在那一瞬间魅力四射,但绝无法实现对人类的终极救赎。

能够解放以及救赎人类的,只能是在纠葛中选择成长欲求,而且经历必要的苦难。

恶魔的低语,常常会用更轻松的生存方式诱惑人类。但其实它就是戴着面具的麻醉药。

只要能让人幸福起来,受点挫折也无妨。

---

① 卡伦·霍妮:德裔美国心理学家,精神分析流派的代表人物之一,《我们内心的冲动》等多部著作的作者。
② 弗兰克尔:奥地利著名心理学家,《活出生命的意义》的作者。
③ 马斯洛:美国著名心理学家,人本主义流派的代表人物之一。
④ 阿德勒:奥地利著名心理学家,个体心理学的创始人,《自卑与超越》的作者。

可惜，活着这件事，是一项布满了重重难关的大事业。要想成就这项事业，绝非付出一般努力就行。人生没有那么容易，不是经历一点点挫折就能幸福起来的。

回顾那些具体时刻，无论对谁而言，成长必定充满痛苦，而倒退则无比轻松。

回顾那些具体时刻，选择将灵魂出卖给恶魔更为轻松。但是，再往前走一步就是地狱。所谓地狱，是一个令你丧失感受生之喜悦的能力的地方。

一个决心，改变人生模式

神经症，指的是"缺乏直面现实的勇气"。所谓勇气，则指在纠葛中选择成长欲求。

毋庸置疑，"做真实的自我"，是使人幸福的绝对条件，如何才能实现呢？

人们只要感受到自我价值崩溃的危险性，就无法做真实的自我。

相对于追求幸福，人们追求安心的欲望更强烈。于是，很多人索性放弃了"做真实的自我"。

但是，下定决心去做真实的自我，才是人类的真正使命。

下决心去做真实的自我，人生方向会从"依赖与恐惧"转变为"能量与勇气"。

西伯利[①]曾说过，"如果不能做真实的自我，倒不如去做恶魔"。

他进一步指出："为什么有的人总是一遇到事就心烦意乱？"原因就在于他放弃了做真实的自我。现实生活中害怕遭到别人嫌弃，就是放弃做真实的自我的表现。而能够做到真实的自我，最重要的，是"做真实的自我的勇气"。

所谓勇气，就是直面现实。

人生中，必须获得"精神上的自由和力量"

弗罗伊登贝格尔[②]指出，失去本来的生存欲望，即为"否认"。

弗罗伊登贝格尔想要表达的也是同样的宗旨。

这些先哲们传达的宗旨，其实就如同阿德勒所说的"苦难通向解放和救赎"。

苦难之中，可以取得像罗洛·梅[③]所说的"意识领域的

---

① 西伯利：美国著名心理学家，《找回你自己》的作者。
② 弗罗伊登贝格尔：犹太裔美国心理学家，最早研究职业倦怠的心理学家之一。
③ 罗洛·梅：美国著名心理学家，被称为"美国存在心理学之父"。

扩大"，也可以获得卡伦·霍妮所说的"精神上的自由和力量"。

直面自己内心的纠葛，并努力想办法去解决，更容易获得精神上的自由和力量。

总而言之，逃避内心纠葛的人被认为患有神经症。相反，不逃避内心纠葛，可以强化感情上的自我意识。

据说，个人如果能够顺利通过偶遇的不安体验，就能实现自我力量的提升。

罗洛·梅、卡伦·霍妮、阿德勒关于这一点的说法不同，但表达的含义一致。哈佛大学埃伦·兰格教授提出的"正念"一词与上述观点也有相同的意味。

感情上的自我认识，位于现实否认的对立面。

"直面自己内心的纠葛，并想办法去解决"是一种苦难，也是一种勇气。弗兰克尔"对于人类而言，苦恼也别具一番意义"的观点，其实也有着相同的宗旨。

当你遇到困难，不妨想一想："这个挫折一定有某种意义。它带给我什么启示呢？"这样思考时，你所体验的"困难"会通向解放与救赎。

没吃过苦，未必幸福。没经历过现实之苦，并不代表幸福。

开拓视野时很痛苦，承认现实时很痛苦。但是，这些痛苦最终会转变成救赎。

正确理解"人活着"这件事的本质

人类的初始设置中并不包括一定能幸福。

把生存看得轻而易举的现代人，缺乏对人性的正确理解。

每个人都追求幸福，但人性中有着拒绝幸福的因素。正如刚才提到的，人类的初始设置中并不包括一定能幸福。

人类诞生之初，以无力和依赖性为宿命，完全依靠自己的力量生存下去，是一项极其艰难的事情。而只有做好了这一极其艰难的事情，人生才会变得有意义。

关于弗兰克尔的"苦恼能力"，本书中也有所提及，正因为有了苦恼能力，人才能直面痛苦。如果没有苦恼能力，人必然会逃避痛苦。

人生中有许多无法逃避的问题。重要的是解决问题的能力。苦恼能力，类似于解决问题的能力。

活得痛苦不堪时，很多人嘴上说着"真想一死了之"，却还继续活着，虽然不幸。

"想死"的心情并不假。但是，不能死。

因为人被设置成要努力活下去。只要一息尚存，就一直活下去。

人的初始设置中包含追求幸福，却不包含一定能幸福。

活得失败是怎么回事

前面提到过，相对于追求幸福，人们追求安心的欲望更强烈。

没有做到自我实现的人，不安比不幸、不满等情绪更强烈。只要能设法逃避不安，无论多么不幸、不满，都能忍受。并且，他们会有意识地去忍受。

人类在生存道路上的失败，在于对于愤怒情绪的处理方法，以及对待苦难的态度。

一旦对待苦难的态度不正确，即使忍受了重重苦难，也无法最终实现解放与救赎。

明明生病了，却装作很健康，会很痛苦。

明明高烧三十八摄氏度，却装作生龙活虎的样子去工作，会很痛苦。

具体而言，善于沟通的人与不善于沟通的人，同样工作一天，辛苦程度不一样，消耗的能量也不一样。

不善于沟通的人，在公司正常工作就觉得疲惫不堪。这与发着高烧坚持工作是同样的道理。联想一下有社交恐惧症的人，就不难理解这一点了。

直面现实

逃避苦难会带来束缚与绝望。

为逃避苦难而做出的努力，为何会产生挫折感呢？

出于自卑感的努力，为何最后会受挫呢？

这是因为，它强化了"我这样毫无价值"的内心感受。

很多人拼了命地干，结果还是不幸福。

原因在于，他们没有在努力的过程中停下脚步想一想，"我的感受方式是不是有什么不对的地方"。

没有去认真思考，"为什么别人这样做很有价值"，而"我这样做却没有任何价值"。

有一位神经症患者就是借助以下的发现解救了自己。

即"自己的心理尚未独立起来，心理上依赖父母，所以很痛苦"。没有勇气去颠覆父母向自己施加的自我形象认定，即"我这样做毫无价值可言"的自我形象。

其根源在于自我恐惧症。

如果努力建立在自我恐惧症的基础上，也只能变成强迫式努力。最终，也只能走向破灭。

出于自卑感的努力，就是建立在自我恐惧症基础上的
努力。

人们往往意识不到自己的自立意识在哪里受挫了。发现
这一点会很难，却能够通往救赎。

受挫折的人，没有经历过从"无法忍受真实的自我"向
"能够忍受真实的自我"成长的磨炼。

在从"无法忍受真实的自我"向"能够忍受真实的自
我"成长的过程中，克服痛苦的磨炼是无法避免的。

受挫折的人，就无法忍受这种磨炼。

所谓活着，就是不断解决人生中的问题，经历人生看似
无意义的痛苦。

"现实之苦"与"心理之苦"截然不同

如果没有"做真实的自我的决心"，为了引起别人的关
注，就会不断地背叛自己。

由于依赖心理较强，好像需要引起别人的关注才能幸
福。然而，忐忑不安的内心已经证明自身的不幸福。

等到自己发现了这一点，却已经失去了获得幸福的
能力。

于是，我们习惯将不幸福的原因归结为现实之苦，而现

实之苦包括肉体上的疼痛和社会性的困难。

饥肠辘辘、瑟瑟发抖，这些是肉体之苦。感到痛苦的原因很明确。

但是，"现实之苦"不同于"心理之苦"。

原本，用"现实之苦"与"内心的苦恼和不安"来表述会更为贴切，或者用"现实之苦"与"不幸福"来表述较为恰当。

我们在提到"痛苦"时，会把现实之苦与不幸福统称为"痛苦"。

同样，在提到"不幸福"时，会把现实之苦与内心的不幸福统称为"不幸福"。

困难分为两种，即现实性困难和弗洛姆－莱希曼[①]所说的"情绪性困难"。然而，还有很多人认为困难只有一种。

因此，对应方式也不同。

避免成为"人生充满懊悔的人"

苦难会带来成长、实现救赎，是怎么回事呢？

直面内心的纠葛是一件很痛苦的事，却能通向成长与救赎。

[①] 弗洛姆－莱希曼：德国著名心理学家。

换言之，"战胜苦难，获得成长，便能够实现救赎"。

人类自诞生之初，就生活在成长欲求与倒退欲求的纠葛之中。

我们常说"不输给自己"。

"不输给自己"，其实就是不输给倒退欲求，而选择成长欲求。

人生中有两场战役，分别为与外敌之战，以及与自我之战。

与自我之战，就是直面内心的纠葛。

本书正是围绕与自我之战而展开。

相对于现实性困难，本书更着重于解读情绪性困难。

目　录

每个人的内心，都有获得幸福和逃避苦难的两种欲求。正是这两种欲求，构成了我们内心的冲突。因为，幸福和苦难是共同存在的，没有战胜苦难的过程，就不会拥有幸福的滋味。因此，一个人人生的境遇如何，关键在于他如何对待自己内心的冲突！

直面内心的冲突虽然痛苦，但是它可以引领我们实现个人的成长与提升。直面内心冲突的关键，在于接纳自己的不完美，只有接受了真实的自己，才会拥有克服困难的勇气，从而实现人生的逆转！

大多数人之所以会平庸地过一生，是因为逃避困难比直面困难容易得多。更可怕的是，我们会用各种各样的借口来安慰自己，拒绝成长。这样做的后果只能是永远待在舒适区，度过庸庸碌碌的一生。

第 1 章

人生的境遇，由内心的冲突决定

"不逃避苦难"为何如此重要

就我们的常识而言，没有苦难的状态，就是得到了救赎。

然而，心理学的巨人阿德勒有一句名言叫作"苦难通往解放与救赎"。原因何在？

此外，不仅阿德勒，正如前面已提到的，众多先哲们都对这一问题表明了相同的宗旨。他们要向后世传达的，是什么样的"人生真谛"呢？

本书将一边解读这些"先哲们的观点"所蕴含的意义，一边向大家阐明对于现代人而言最有必要的情绪处理方法，并向大家强调"直面现实""不逃避现实"的重要性。

因为我想，这些或许能成为帮助减轻你内心的不安、苦恼、痛苦等，进而打消你内心"不幸福感"的契机。

为此，希望大家首先明白以下几点：

第一，人类的存在是矛盾的。

第二，人类的矛盾体现在：理性与感性、良心与本能冲动、理想与现实、场面话与真心话、正面与反面、神性与兽性……

马斯洛在他的著作中，关于这一点，做了"尝试把'善与恶'整合起来"的记载。

人性中同时包含了神性与兽性，这是人性的双重构造。

即使试着去否定人类的兽性，也是纯粹的现实否认，实则毫无意义。现实中，人类身上的确存在兽性。

我们不需要否定自身兽性的存在，但需要致力于把它向良善方向整合。

第三，我们拥有低次元欲求，同时也拥有高次元欲求。

因此，不能把低次元与高次元两极分化，否定低次元欲求，而是要努力把它与高次元欲求整合起来，以解决人生中的种种问题。

人性中的"向善力"与"向恶力"

政治民主主义、经济繁荣、技术革新等，无法解决人类的这些基本矛盾。

无论民主主义制度多么健全、经济多么欣欣向荣、技术革新多么日新月异，都无法完全解决人生中面临的种种问题。

弗洛姆①也说过同样的话。

弗洛姆甚至把"与善与恶的素质"，作为他的名著《人心》的副标题。想必就是在传达人类既拥有向善的力量，也拥有向恶的力量。

我认为，人类在心中有希望时会向善，在绝望时会向恶。

恨，既非良性存在，也非恶性存在。

问题在于人在什么样的环境（背景、状况）中生存。

尼采的思想，在德意志文化和希腊文化的对比中形成。

一件事情，我们说一次往往觉得意犹未尽，所以要接着说第二次。第一次说的是场面话，第二次说的则是真心话。

两者兼而有之以后，人才会感到满足。第一次与第二次互为补充。

---

① 弗洛姆：艾瑞克·弗洛姆，德裔美国心理学家，被称为"精神分析社会学"的奠基人。

读卡伦·霍妮的著作，你会看到其中有一句话叫"'期待'的暴君"。

"期待"是希望之中，而暴君则是不希望看到的。即作为一句话，"'期待'的暴君"本身是矛盾的。

然而，现实生活中，"期待"过多，会使人内心失去活力。

如果总是被别人说"应该这样那样"，会导致人内心崩溃，失去活下去的动力。

反之，如果完全放弃"期待"，也同样会导致人内心崩溃。

人类只有根据自己的情况，把"社会性期待"与"本能冲动的满足"这一人类内在矛盾整合起来，才能活得像个人样，进而精力充沛地活着。

人类自诞生的一瞬间，就拥有了两种倾向。

"追求冒险的倾向与追求踏实的倾向、独自承担责任而追求独立的倾向与寻求保护和依赖的倾向之间左右为难。"

无法脱离这种左右为难的窘境，说明心理上有未解决的问题。

此外，还有一个先哲们尚未指出的重大问题。

人类生下来就有依赖心理。这种依赖心理其实本身就充满矛盾。

依赖心理寻求"对对方的支配"和"来自对方的约束"。

这是一个无论如何都无法解决的矛盾。

正如弗洛姆所说，人类"在追求冒险的倾向与寻求保护和依赖的倾向中左右为难"，其中一方的依赖心理充满矛盾。

要想能承受挫折，必然要经历"苦难"

人类并不仅仅拥有矛盾。

在"依赖和无力"这一前提下诞生，是人类的宿命。

人类诞生之初，不具备承受挫折的能力。

无意识地把真实的情绪、愿望打发走的自我压抑，是人类在真实世界中自我保护的方法。

人类从生下来完全没有承受挫折的能力，到变得能够承受挫折的过程，就是"一场苦难"。

所以阿德勒说："苦难通往解放与救赎。"

正如前面提到的，人类并不仅仅拥有矛盾。"依赖与无力"也是人类的宿命。

人类存在的过程充满"依赖与无力"，除此以外，生而为人，就无法避免生理变化以及社会立场的变化。

生理在不断成长。

人类的心理，也必须随着它成长。人类的初始设置若脱离心理成长，则无法发展下去。

昨天的正常本能有可能就这样变成明天的神经症，青春期在生理上是一个决定性的转折点。

青春期，外面的世界在变化，自己的身体也在变化。对于这样的内外变化，自己的心理也不得不发生变化。而心理变化的重要过程就需要重新塑造人格。

可是，人格的重新塑造不会那么简单，其过程伴随着巨大的困难。

青年期，意味着迄今为止"毫无疑问、一直保持完整"的世界的瓦解。

人类本来就是一种不稳定的存在，再加之内心充满各种矛盾。

因此，人类要活下去，必须同时培养自己的社会能力与心理能力。

社会能力，不仅仅包括学校教育和职业教育等培养起来的能力，还包括与同伴之间培养起来的沟通能力。

人，如果想在社会中生存下去，就必须要认识到以下两点：

A. 人必须成长、变化。

B. 必须与他人沟通。

生存，是自立与受挫的循环往复，这是人类的宿命。

此外，不安与苦难无法避免。

A 加上 B 的结果，是人类必须获得心理上的成长。作为心理能力的其中一项，沟通能力的培养是生存的绝对条件。

人类本来就不完美。想办法弥补自己所欠缺的东西，对于生存而言很有必要。生存的意义也因此产生。

为什么即使获得了社会性成功，人生还是快乐不起来

一个人的内心，存在着各种各样的人生问题，这是一个人活着的证据。

人生中各种各样的问题是不可避免的，无论你再怎么祈祷希望能避免，都无济于事。

人生之所以不快乐，是因为缺乏解决这些问题的意志。

真正的自我防卫，是"沟通能力良好培养"的结果，而不是社会性成功。

很多人弄错了这一点，只是从自卑感转向追求优越感，追求成功。可是，即使再怎么成功，还是没有真实的安心感，也不能因此实现自我防卫。而这样的人一旦失败，就会陷入自卑感无法自拔。

人类一直面临着自我价值崩溃的风险。但是，如果害怕价值崩溃的风险，即使努力保护自我价值，也只会把自己封闭在一个小天地里面。这样一来，无论如何都无法与他人亲近起来。

这里所讲的问题解决，是一个人类共同面对的课题。

丧失了与母亲之间的原始纽带，任何人都会直面不安与孤独。

活着，就是去解决每天出现的问题。

换个角度来讲，活着，就是不断去克服不安和苦难。

否认这一点，就不可能建设性地活着，只会在人性和社会方面都蜷缩起来。

无论取得多么了不起的社会性成功，也无法解决人生的种种问题。

例如，无论是社会性成功的人，还是社会性失败的人，都会发生亲子关系方面的问题。

神经症，就是试图回避这一人生无法避免的问题的结果。

生而为人，无论环境是否理想，问题都会接连不断地出现。如果生于一个不理想的环境，会更悲惨。

正是由于试图回避这些问题，才会产生神经症、抑郁症、依赖症，极端的甚至会走向自杀。

成长的过程，对大多数人而言，都不是理想环境。

例如，很多人小时候所遭受的屈辱、孤独，成了长大后人际关系问题的根源。

有人成长在一个有保护和安全的环境。但是，与之相反，小时候没有受到任何人保护的人更多。

小时候，周围的世界充满敌意。对这些人而言，活着是不安。人生充满不安与困难，显得那么难以超越。

生而为人，任何人都会经历人生的挫折。

不吃苦，无法理解人心

在被誉为写出了仅次于《圣经》的畅销书的诗人卡里·纪伯伦的诗中，有这样一段：

我要对你说，

欢乐与悲伤是不能分开的。

欢乐与悲伤总是手牵着手到来，

它们一同来到。

当我们沉浸于欢乐时，

切不可忘记，人生中也同样存在悲伤。

当我们因悲伤而精神崩溃时，

切不可忘记，人生中也同样存在欢乐。

卡里·纪伯伦阐明了只有吃得苦中苦，才能真正理解人生的观点。

以上是诗歌的表现方式，原文是这样写的。

Your pain is the breaking of the shell that encloses your understanding.

也就是说，经历痛苦，方能打破你思想的樊笼。

并且，如果自己的人生每天都充满奇迹，那么悲伤也与欢乐一样，是精彩且值得惊叹的。

关于这句"自己的人生每天都充满奇迹"，我的理解是，每天都拼尽全力地活着。

包括不等着天上掉馅饼，不吹嘘，不较真，不忌妒，不通过推卸责任来疗愈自己内心的创伤，不逃避挑战自己的能力等。

仅有欢乐，构不成人生。仅有悲伤，也构不成人生。所以才要每天都拼尽全力地活下去。

卡里·纪伯伦说："正如你总是默默接受田野中的四季轮回一样，也要接受心灵上的季节变换。"

许多苦痛都是你自己的选择。

它是你心中的医者，是医治你受伤心灵的苦药。

所以你要相信你的医者，静默安宁地吃下他给的药。

这段话翻译过来也有点走样，认真品读原文，会发现其中的意义。

Therefore trust the physician, and drink his remedy in silence and tranquility.

不吃点苦，无法理解人生。最重要的是，无法理解他人。

无法理解他人的人，不可能与他人建立起深层联系，无法与他人亲近起来。

与他人亲近不起来，就不可能幸福。不与他人交心，也不可能获得幸福。

逃离苦难的道路，直达孤独与地狱

只有把苦难当作上天的赐予来接受，才可能在充满矛盾的、不安定的人世间生存下去。

既然人生中的苦难无法避免，感受苦难的意义，则是伴你走完人生漫漫长路的最佳方法。忍受苦难，是最好的方法。

这是弗兰克尔、罗曼·罗兰、尼采等先哲们共同的教诲。

如果没有苦难，即逃避了苦难的话，最后只能自己品尝虚度年华的苦果，会绝望，会被社会孤立。

所有人都在经受生存之苦，只有自己一心想要去过没有苦难的人生，试想有谁会愿意与这样的人打交道呢？

我想，人们更愿意与能理解自己的痛苦的人共事。

度过没有苦难的人生，也就是说彻底逃避了苦难的话，最终只会到达地狱。

总是想要发动战争的就是这样的人。所以战争总是连绵不绝。

战争是由不理解人性、对生活感到绝望的人挑起的，认识到这一点，对我们尤其重要。

所谓没有季节的世界，就是笑也无法发自内心地开怀大笑，哭也无法发自内心地放声大哭。

Into the seasonless world where you shall laugh, but not all of your laughter, and weep, but not all of your tears.

　　一味追求只有欢乐的世界，只会令自己迷失在毫无趣味、毫无价值、毫无意义的世界里。那是自我疏离的人类世界。

　　欢乐只有在悲伤的伴随下才有意义。欢乐，只有在悲伤存在的前提下，才称其为欢乐。

没有苦难的"人生模式"压根不存在

所有人都希望没有不安与痛苦。然而人类的初始设置中，则包括无法逃避的不安与痛苦。

人们在被不安与痛苦折磨得疲惫不堪时，会大喊"请不要再给我不安与痛苦了"。但是，不安与痛苦仍然会不约而至。

卡里·纪伯伦的诗中写道：

爱如同一捆稻谷，把你束缚起来。

它舂打你使你赤裸。

它筛分你使你脱去皮壳。

它碾磨你直至洁白，它揉搓你直至柔韧。

然后它送你到它的圣火上去。

绝不可把欢乐与悲伤切割开来、对立起来。

那是以静态的视点捕捉人生和人类的结果。而我们需要用更加动态的视点去看待它们。

所谓动态视点，就是以成长的视点来看待人生。人生就是边吃苦边成长。

"我们应该时刻提醒自己，只有当下是实实在在的，今日一去不复返。"叔本华说。不得不承认这句话说得太对了。

但是，仅有实实在在的当下也无法带来幸福。此外，还要对今日一去不复返这一事实有恒久认识，这样才能幸福起来。

不同的人有不同的说法，不过异曲同工。

未来就在你面前，而且，明天也许会更好，请务必记住这一点。希尔蒂在他的《幸福论》中也这样写道：

没有承受过巨大的痛苦，没有体验过自己对自己的全盘否定，没有跌入失意的深渊的人，无法堪当重任。

这样的人往往心胸狭隘，且骄傲自大，令人难以接近。

第 2 章

敢于直面内心的冲突，人生将迎来全面突破

"想要幸福，却讨厌苦难"的奇怪想法

人的初始设置包括"活下去"，却不包括"能幸福"。这一点非常明确。

人们在生存的痛苦中煎熬时，会说"真想一死了之"，却依然活着。即使不幸，也要活着。

痛苦的时候喊着"想死"。尽管这种心情并未掺假，却不可能死。

原因在于，人的初始设置中包括"努力活下去"。只要一息尚存，就要活下去。

人的初始设置中包括"追求幸福"，却不包括"能够幸福"。

进化对我们的初始设置，并非幸福本身。

因此，想要获得幸福，需要非同寻常的努力。

生而为人，苦难是无法逃避的。它是人类的起点。

恋爱，必然会有矛盾。

这时，人们会想"为什么？"。

而且，有人战胜了它。

苦难是通往幸福的绝对条件。

没有经历过痛苦的恋人们，以及不曾努力过的恋人们，不会有圆满的结局。

尽管如此，我们所有人都想要幸福，却都发自内心地讨厌苦难。这是人之常情。

可是，这又很不现实。

讨厌烟雾，却又想围炉取暖；想要瘦身，却忍不住吃蛋糕；不想运动，却想变瘦。这是很多人的愿望，却不现实。

很多人说"请爱我原本的样子"。

可是，让别人去爱不努力又任性的自己，也很不现实。

请爱懒惰的我，多么无理。

请爱狡猾的我，多么荒唐。

不努力的时候，人其实没有活出真实的自我。

令所有与你接触的人都心情低落，却要求对方爱自己，多么滑稽。

静待花开。即使要求它"现在就开"，也无法实现。

静待冰融。即使要求它"现在就融化",也是天方夜谭。

春天不到,一切都枉然。

直面内心的纠葛

我年轻时，写过一本题为《与幸福告别》的书（一九五七年，大和书房）。

是因为我感到，只有把想要获得幸福的欲望连根斩断，才能好好地活下去。

在德国达姆施塔特大街上，我决定舍弃想要获得幸福的愿望，于是登上了一列火车。

抱着把想要幸福的愿望丢在这个城市的想法，当时从车窗看到的风景，在历经了半个多世纪之后仍历历在目。曾在那里丢掉想要幸福的愿望的达姆施塔特的日暮景色，至今仍栩栩如生。

五十年过去了，至今仍清楚地记得上火车之前，我坐在候车室的那个长椅上，一个男士从椅子上站起来，对我说"请帮我看一下行李"。

还记得那列火车哐当哐当地驶出达姆施塔特车站时的情景。

我当时在想：啊，从此以后，我的人生中就不再有幸福了。

从心里斩断了想要幸福的愿望。

不久，太阳落山了，车窗外的风景渐渐消失。夜幕降临了。

过了一会儿，坐在我对面座位上的一位年轻女性，用手指着前方黑夜中一盏孤零零的灯，对我说："我就住在那边哦。"然后她就在下一站下车了。

Da wohne ich.

至今仍记得那句话。说不定那位女性误以为：这个男人是不是要自杀呀？

面对面坐了那么长时间，不曾有任何交谈的那位女性，临走之前突然对我说了这么一句话。

人人都祈求幸福，却幸福不起来。

不做相应的努力，却祈求幸福。
不曾为幸福付出，却追求幸福。
逃避苦难，追求幸福。

这种生存姿态，就是卡伦·霍妮所说的神经症式要求。

卡伦·霍妮认为神经症式要求有四个特征，其中第三个特征，就是"不做相应的努力，却企图得到"。

幸福不会大步走过来。

幸福，要靠一点一滴的积累。

无论多么微不足道的事情，只要完全靠自己的力量完成了，都会给自己增加一分自信。

人们的自信不是来自做轰轰烈烈的大事。

借助父母的力量，走后门入学，不会增加自信。

无论是兔子、鱼还是狼，只要是自己撒下饵料捕获的，都能够为我们增加自信。

人，越是逃避直面自己内心的纠葛，越容易纠结于眼前的欲望。

阿德勒所说的"苦难通往解放与救赎"，该怎么理解呢？

即直面内心的纠葛虽然痛苦，但是它可以通往解放与救赎。

结合众多先哲们的教诲，把这句话往大了说，即"苦难与成长，通往人生的解放和救赎"。

纠结于"当下的自己"的人，拥有错误的价值观

卡伦·霍妮与阿德勒尽管说法不同，所表达的宗旨却完全相同。

相对于直面自己内心的纠葛，人们在批判他人时，心里会轻松得多。换言之，让自己沉浸在郁闷情绪中会轻松得多。

心情郁闷、低落，其实是攻击性的间接表现。

沉着脸的人，其实是在做无理的要求。如果不直面自己内心的纠葛，任何人都会活得很痛苦，而且不受欢迎。

这是因为他们不懂得"苦难通往解放与救赎"的道理，而是纠结于眼下的要求。

正如阿德勒所说"苦难通往解放与救赎"。

不加以正确引导，人们总是专注于现在吃的苦，形成固守眼前的立场。

"固守眼前的立场"，其实是一种现实否认的心理姿态。即固守"现在的自己"的活法。

换个通俗一点的说法，即"死扛"。硬说乌鸦是白色的。

"其实很讨厌那个人""其实很喜欢那个人"等，接受自己真实的感情，有时候很痛苦。这不是现实之苦，而是心灵之苦。

或许，接受现实是心灵最大的痛苦。

然而这关系到成长与救赎，关系到人生的意义。

不固守眼前立场的人，是比较独立的人。

那么固守眼前立场的，是什么样的人呢？

打个比方，你买了个又大又气派的沙发，然而自己的房间并不需要。但是，又死不承认自己不考虑实际情况就把沙发买回来，是自己脑子有问题。于是永远都不放弃那个大沙发。

有一个小孩紧紧抱住妈妈不放。

有一个小孩被妈妈抱着。

这两个小孩截然不同。

没有认识到自身价值的小孩，是紧紧抱住妈妈不放的那个。

固守眼前立场的人，就是没有认识到自身价值的人。他们被灌输了扭曲的价值观，认为自己除此以外毫无价值。

接受"真实的感情"最痛苦

阿德勒的个人心理学，强调了这一点：

任何人都不可能不与他人打交道而独立存在，此外，所有的人生问题，其实都是社会问题。

人的经验，是社会结构中的经验。

阿德勒之所以选用了"个人心理学"这个词，是因为他最感兴趣的课题是对个人特性的探索。

很多人出于深深的自卑感而无法信任自己，在挑战直面的困难时畏缩不前。

关于这一点，阿德勒说："他们的人生观是错误的。此外，只要他们承认这一错误，还来得及改变自己。"

与乔治·温伯格所说的"你不愿意面对什么"有着相同的宗旨。

对于因自卑感而虚张声势的人而言，要去承认自己的真实感情——"其实，我只是对自己感到失望"，是一场苦难。

也就是说，"承认真相"是最痛苦的事。

所谓痛苦，就是接受自身的现实。而最痛苦的莫过于承认自己对自己失望。

"苦难通往成长与救赎"，可以被理解为"接受现实，通往成长与救赎"。

反过来讲，不承认自身现实的人，没有被救赎过。

不承认自己真实的感情，"我很不安，没有信心在这个竞争社会中生存下去"，于是不停地说"这个世界上，全是蠢货，这个社会，全是笨蛋"。

承认抑或不承认自己内心深深的自卑感，是一个事关生死的问题。

人生的问题，归根结底，在于是否认现实，还是接受"真实的自己"，进而完成自我实现。

"真实的自己"，不是自己当下期待中的自己。在没有认识到这一点的前提下，盲目地拼尽全力，效率也会降低，即使努力也解决不了任何问题。

只有接受了"真实的自己"，才会精力充沛，进而情绪高涨。

也只有这样，才能找到努力的目标。

总而言之，自我实现，始于接受"真实的自己"。如果没有接受"真实的自己"，则不可能完成自我实现。

生活中完成了自我实现的人，全都接受了"真实的自己"。

人生中最大的问题，在于无视"真实的自己"，而是困惑于是要实现理想中的自己，还是接受"真实的自己"，从而完成自我实现。

也就是说我们人生最大的问题，常常是输给内心深深的自卑感。

　　即便再怎么虚张声势，自己也清楚自己那颗因迷失方向而左右彷徨的心灵。

　　带有偏见等的个人性格，就是因为输给了深深的自卑感，所以才变成了这样的性格。带有偏见的人，始终无法相信自身的价值。

世俗成功者的内心格外脆弱的原因

从本质上来讲，问题在于，自己没有主动去面对"小时候的基本的不安全感"这一人生困难。

无视"真实的自己"，努力去实现理想中的自己，可以说是从人生苦难之战中撤退了下来。

自己因为基本的不安全感而饱受折磨。本来应该去克服它，却从人生的战场中撤退下来，转而在实现理想中的自己的错误道路上越走越远。

这样的人，其实原本应该直面自己基本的不安全感，磨炼一下自己。

例如，自己认识到没有得到父母的爱，所以缺乏解决人生问题的能力。

那么，就只有竭尽全力培养自己的沟通能力了，除此以外别无生路。同时，这样做还有益于相信自身的价值。

然而有人出于爱情饥饿感希望获得别人的关注，有人为了追求荣耀而不择手段。这是因为成功以后，人们会关注自己。这种执着于实现成功者这一理想形象的人"拥有错误的人生观"。

可以说，这些人正如阿德勒所言，由于深深的自卑感，根本没有参加克服人生困难之战。他们装作看不见这场战役。

"克服人生困难之战"是什么样的战役？

举个例子，在被别人指出缺点时，坦率地承认：不追求比他人优越，不努力培养自己的沟通能力，不能掌握自己的内在力。

最重要的是，要清楚地意识到自己无意识中的不安与恐惧感。

无意识中的不安与恐惧感的症状有很多。如莫名的焦躁；没有任何原因的焦虑；动不动就情绪低落；不明所以的不开心；没有食欲；明明没有什么可担心的，却辗转难眠；明明想无视，却总是被别人的话影响心情等，症状多得不胜枚举。

这些生之痛苦的原因，就是源于无意识领域中的不安与恐惧感。

想要消除这些生之痛苦，于是走向实现理想形象的道路。

讨好别人；努力挣钱；夸大自己的悲惨，让所有人都关注自己；或者一边试着抛出"世风日下"等扭曲的观点，一边拼命努力去获得世俗上的成功等。

然而这是一种错误的态度，用这种态度去生存，人生只会变得越来越痛苦。

必要的是顺应"人生要求"的姿态

阿德勒思想的宗旨，是相对于人生本身而言，面对人生的态度才是问题所在。

对无意识中的恐惧感视而不见，这个人的人生会不知不觉地被恐惧感所支配。

经常被激励、在激励中成长起来的人没有这种恐惧感。反之，经常被威胁、在威胁中成长起来的人会有恐惧感。

与这种恐惧对抗，等于与威胁自己的人对抗。这样做的话，毋庸置疑，无论什么样的自己，最终都会为自己感到喜悦。

试着从早到晚，想象自己处于一个全身心放松的幸福场景中。试着想象多种不同的场景。

那里谁在、谁不在？

一定有人在任何一个令你放松的场景中都不见踪影。

但是，当你从"想象的梦"中醒来，他又极为重要。

在这个重要的人面前，你每天都在伪装自己。

战胜这个人，就是对抗恐惧感。

一切失败说明了什么？

说明这个人没有为人生要求做好正确准备。

人生的课题是什么？

对此，有很多种不同的见解。

例如，弗洛伊德认为是克服俄狄浦斯情结。简单来讲，就是心理上不依赖父母。

此外，人生的不同时期，有不同的课题。

例如，青年时期的课题，是对客体的关心、兴趣的觉醒、个性的确认。

中年时期的课题，是对父母的照顾、儿女的陪伴、事业的求稳。

……

总而言之，人生的每个不同时期，都有为了生存必须要完成的任务，这就是人生的要求。

人生中受挫抑或不受挫，取决于能否应对这些无法回避的课题。

阿德勒年幼时患上佝偻病，后来又经历了声门痉挛之苦。哭喊随时都有窒息的危险。

于是他在三岁时，就下决心不哭、不喊。

感染肺炎时，甚至被断定命不久矣。

然而，他没有逃避这些苦难，而是选择了正面战斗。

阿德勒，才是适应症的典型案例。

澳大利亚精神科医生伯朗·沃尔夫认为，"总是选择走容易的路，就是神经症"。

也就是说，不应对人生的严格要求，转而寻找旁门左道，结果迷失了方向，这就是神经症。

也可以这样理解，即不接受自身的现实，当时是轻松了，但最后会变成神经症。

不妨认为"人类本来就不平等""人生原本就不公平"

此处的问题在于，如果自卑感不那么强烈，还能够做到接受现实，但自卑感越强烈，接受自身的现实变得越难。

越是小时候缺爱，接受现实越难。原因在于基本的不安全感太强烈了。

然而，尽管如此，人生的选择，也只有接受现实从而自我实现，以及逃避现实这两种。

自卑感越是强烈，克服之后的成就感就越大。

每个人最初的自卑感有多强烈，不是他自己的问题。强烈的自卑感由基本的不安全感带来。

每个人诞生于什么样的环境，不是他自己的问题。诞生之初背负着什么样的命运，也不是他自己的问题。

重要的是，后来所采取的对自己人生的态度。在这一点上，阿德勒和弗兰克尔尽管说法不同，但所要表达的宗旨却不谋而合。

尽管弗兰克尔有时会批判阿德勒以及其精神分析论，但两者对人生如何获得幸福的态度却并无二致。

德摩斯梯尼这样的人生态度，则是典型的错误态度。

对于为"r"的发音而苦恼的德摩斯梯尼而言，理想中的自我，是成为大辩论家。

德摩斯梯尼后来果真成了大辩论家，只可惜他最后自杀了。

德摩斯梯尼面对自己发不好"r"的音的状况，采取了错误的态度。

年幼时发音不好不是自己的问题。但是对这种状况采取什么样的态度，则是自己的责任。

生在一个有爱的家庭，还是一个无爱的家庭，不是自己的问题。但是对于这样的人生采取什么样的态度，则是自己的责任。

有人从小被闪耀着母性光辉的母爱沐浴着，有人却从小受尽百般虐待。但这就是人的命运。

在这一点上，人类本来就不平等，人生原本就不公平。

社会上普遍的最为错误的一种观念，就是"人类生而平等"。

从小被父母百般虐待、完全丧失自我的人，与在父母的爱与激励下茁壮成长起来的人，说他们"是平等的"，简直比说太阳打西边出来还要荒谬。

然而，人生的价值，并不由出生环境决定。

人生虽然不平等，但是对于自己的人生采取什么样的态度，才是决定这个人的伟大程度的因素。我非常赞同弗兰克尔的态度价值一说。

"在神经症患者的确应该对自己的神经症负责的角度

上，他是不自由的。但是，当我们说他应对自己的神经症所采取的态度负很大责任，且只负这一部分责任时，他也拥有一定程度的自由。"

当一个人成为神经症患者，必有成为神经症患者的原因。成为神经症患者不是自己的问题。

但是，这个人对自己的神经症人生采取什么样的态度，就是他的责任了。

先哲们所教的"人生模式转换"

弗兰克尔、马斯洛以及阿德勒等，无疑都认为活着本来就不容易。这一点，是与普遍认为活着很容易的现代人之间的根本差异。

阿德勒由于从小就承受了那么多苦难，所以形成了这样的认识。

获得幸福的人，比如德川家康也认识到"人生是一个负重上坡的过程"。当然，我们并不是在讨论德川家康是对还是错，本书不涉及政治。

在神经症中走向人生尽头的人，与对自己的悲惨命运采取了正确态度，最终走完了有意义的一生的人，两者的区别在哪里？

两者对于"何为生存"的本质认识不同。

所以，阿德勒认为，被宠坏的孩子往往没有前途。

弗兰克尔也认为"苦恼赋予人生更深的意义"。苦恼是加深人生意义的机会。

从苦恼中发现了意义的人，是有能力转换人生模式的人。所谓人生模式转换，这里指的是，能够换一个角度看待活着这件事。

弗兰克尔认为，明白自己生活的意义的人，能够克服外在的苦境和内在的障碍。

"人类被'指向意义'的意志支配得最深入、最持久。"

弗兰克尔提出了"满足与绝望""成功与失败"这两条轴线，分别把它们作为纵轴和横轴，就产生了四个区间。

社会性成功的人，其中也有对自己绝望的，社会性失败的人，其中也有对自己满足的。

总之，"成功与失败""绝望与满足"分别属于不同的维度。

这两条轴线，恐怕就是人生目标错误的人与人生目标正确的人的分界线。

思考"人生的意义，以及活着的价值是什么"，在生存中最为重要。

或许没有认识到这一重要性，是一九六〇至一九七〇年间，从武斗棒到嬉皮士运动等一系列反体制运动失败的原因所在。靠本能冲动和武斗棒等，解决不了人生中的种种问题。

此外，同样的原因，接踵而至的时代的经济繁荣和技术进步，也未能实现对人类的救赎。

仅靠政治民主主义发展、经济的繁荣、技术的进步等，解决不了人生中的种种问题。

人生的种种问题，只能靠人心的自然法则来解决。

第 3 章

安全至上的思维方式，只能造就平庸的人生

率真不起来的原因在于"持续的欲求不满"

有的人无论如何都率真不起来。

尽管本人也有意识地努力，却怎么都率真不起来。听别人讲话时保持率真，竟然超乎想象的难。

这是因为，感情和情绪产生于大脑的不同部位。

"并且逃避感情比逃避意识要难得多。"

率真不起来的原因，是此前无意识中积攒起来的欲求不满。

它代表着对退行欲求的眷恋。

人的成长，是一件极其困难的事。

马斯洛曾问："是什么妨碍了人的成长？"

"人的进步为何如此之难，如此之艰辛？"

人类要活下去只能靠成长，除此以外别无他法，然而，成长却没那么简单。

无法成长、偏激、乖僻、忌妒、纠缠、撒播怒气、觉得"我很凄惨"而变得傲慢、满怀仇恨、消极低落、囚禁在复仇心理中、缺乏朝气，最后因为一事无成而产生"想一死了之"的想法，活得痛苦不堪。

只要能成长，一切都能解决，然而，却无论如何都成长不起来。

如果成长不那么困难，也就不会特意去忌妒谁，不用为自己的无能而苦恼，不会失去对人生的积极关心。

没有成长，就没有幸福。这是先哲们的教诲。

努力让心灵成长起来，是通往幸福的道路

然而，人们总是拒绝成长，却要追求幸福。

有人全然不顾自己做了什么，只会对他人提要求。并且如果这个要求没有被满足，就会认为对方冷酷无情，从而心生怨恨。

想成为横纲①，却不付出相应的努力。

总之，想要获得幸福，却不愿意忍受辛苦。一方面娇惯自己，一方面还想追求幸福。

然而，先哲们告诉我们"这是不可能的"。

在艰苦环境中长大的人，由于从生下来就很疲倦，会具有拒绝成长的倾向。

在优越环境中长大的人，从父母那里得到了生存能量；在艰苦环境中长大的人，则无从得到生存能量。

但是，要想获得幸福，必须成长。

马斯洛曾说过这样一段话：

我们要更全面地了解未被满足的不足欲求所持有的眷恋和退行力。

进一步了解安全和稳定的魅力。

更全面地了解针对苦恼、恐怖、丧失、威胁等的防卫与

---

① 横纲：日本相扑力士的最高等级。

保护机能。

进一步了解勇气对于成长和进步的必要性。

重点是，相对于追随成长欲求，追随退行欲求会更轻松。

小时候，做了什么事都会得到父母夸张的表扬，长大以后，仍然期待自己能得到那样的表扬。可是，那些表扬没有了，于是深深地受伤。

小朋友如果发现大家没有时时刻刻关注自己，会生气。他们总是要把自己的事情放在第一位才心满意足，这是孩子的自我中心性。他们认为自己最关心的事，也应该得到大家的重视才行，不然就认为不对。

对小朋友而言，这很自然。

可是，长大后则完全行不通。于是，心理不成熟的大人总是容易受伤。

"苦难人生"始于努力也毫无意义的想法

小时候，大家都被大人要求不能任性，于是导致情绪爆发。

号啕大哭的孩子，由于情感得到了宣泄，不可能成为坏孩子。会宣泄负面情绪的孩子自然而然会成为优秀的孩子。

马斯洛曾提出"防卫的尊重"。

帮助孩子疗愈内心的创伤，孩子更容易进步。

"无法成长的原因还有不被认可与尊重。"

有某种依赖倾向的孩子，有其无法成长的原因。对此给予理解，孩子才能获得心理上的成长。

强忍着不哭的孩子，由于情绪没有得到宣泄，无法率真起来，反而会变得任性、顽固。

还有的孩子，任凭怎么哭，都没有得到周围人的安慰。于是这个孩子只好停止哭泣。这时，无力感在他的心里蔓延开来。

因为他感到自己的诉求没有任何效果，所以无精打采。认为再怎么努力也毫无意义，于是不再努力。

恐怕这就是长大后会成为神经症的"好孩子"的原因。

无论大人还是孩子，宣泄负面情绪都是进步的必要条件。然而现实中，不是所有人都会宣泄负面情绪。

因此，很多人不愿意成长，眷恋退行。

经常有人来咨询"怎么做才能被爱"。

道理非常简单。

只要不主动把爱自己的人赶走就行了。只需这样做，就能被爱。

双方一起吃饭时，会提醒你"这样吃会很好吃哟"的人，就是爱着你的人。由于心气相通，所以可以这样说。

总是抱怨"我得不到爱"的人，是主动把对自己说这些话的人赶走了。

所以爱着他的人，渐渐远离了他，仅此而已。

所谓"恋母情结"（恋父情结），是保护和安全的希求。渴望满足自己的自恋情结，又渴望逃避伴随着责任、自由、意识性的负担，是对无条件的爱的希求。

比如，双方一起吃饭时，有人说"你好漂亮，我喜欢你"。这句话，就满足了另一个人"对于无条件的爱的希求"。

然而，这说明双方没有心气相通。

情感缺失严重，又不懂得识人的人不可能成长。

以味觉迟钝的人为例，就不难理解了。

是酸、是苦，都全然不知。

吃了变质的东西也觉察不出。

结果，吃坏了肚子。

没有成长的人考虑的是"怎么做才不会受伤"

理解自己，幸福的大门会敞开。

饥肠辘辘的时候明明应该一头扎进冰箱里，很多人却做出一头扎进衣橱之类的事。吃领带怎么也不可能吃饱，于是牢骚满腹。

有人明明装了假牙，却还去吃坚硬的煎饼，自己选择了这样的生活方式，却还要感叹人生不易。

从心理角度来看，人们往往安全至上、逃避伤害、逃避受伤。

普通人信奉安全至上，在成长欲求与退行欲求的纠葛中选择了后者。

拥有幸福能力的人，不会成为被分手的一方。

尤其是自卑感较强的人，脑子里考虑的全是怎么做才不会受伤，心里压根没有自我实现的姿态，更不会选择成长欲求。

结果，体验不到发挥自身能力的喜悦。虚张声势，会越来越痛苦。

走错路时明明应该找个大人问路，有人却偏要找小孩问路，因为这样不会难为情。

担心被别人拒绝，不敢发表自己的意见，可以说是勇气的缺乏。相反，尽管担心被拒绝，依然表达出自己的意见，这就是勇气。

逃避现实的人，是迷失了人生方向的人

不过，"被别人拒绝真的有那么可怕吗"，我们应该停下脚步试着去思考一下。

其实没有那么可怕，可怕是因为自己胡思乱想。

像这样去认识正确的现实，也是一种勇气。

如果一直逃避现实，会渐渐不知道自己是谁，不知道自己真正想要的是什么，永远都不知道自己的人生目的是什么。

哥伦布没有选择安全至上，而是驾驶船只向西航行，于是发现了美洲大陆。

当然，他并没有草率行事，而是反复推敲了计划，反复磨炼了自己的实力。

哥伦布本人写道"尽可能学习了所有类别的知识"，从地理、历史到哲学，他全都学。

引起我注意的一点，是他甚至学习了哲学。

由于他想去印度，地理、历史等的学习从常识上可以理解。

可是，哲学的话就另当别论了。

我从哥伦布学习了哲学这件事，推测出他可能曾经思考过"人应该如何活着"的问题。

当时的航海活动，全都是向东方走。然而，哥伦布却宣

布"向西方走"。

我想，他之所以决定"向西航行"，除了他已经学习了地理、历史、航海记录等知识，也表明了他的人生哲学——"我要这样活"。

他的"向西航行"这一决定，才是人类历史上重大的"模式转换"。现在的我们知道，他的举动刷新了人们的认知，并改写了历史。

哥伦布不曾在大学学习，他没有接受过高等教育。然而，他掌握了生存所必需的一切。学历救不了人，学问才能救人。

假如哥伦布也信奉安全至上，那就不可能不顾安危向西航行了。

或许哥伦布的想法是，那样则无法远离我们的日常生活，对我们的人生也没有参考意义。

其实，任何人心中，都有一个"他自己的哥伦布"。只不过这个哥伦布没有奋发图强，没有任何想法，安于日常生活，也做不出不顾安危向西航行的举动。

当前进在自我实现的道路上时，所有人都是哥伦布。

一味地追求安全至上，则不可能在自己"充实的人生的航海旅途上"扬帆起航。

拥有成长式动机，还是拥有退行动机，导致人们对相同事物的看法不同。

不仅大型航海活动如此，日常生活中养育孩子的辛苦，也会因家长是持有成长式动机还是退行动机而不同。

"在多大程度上活出了自我"才是人生的胜负

关于人类退行欲求的强度，人们并不怎么思考。

人们不思考追求"保护与确定性"的近亲私通愿望的强度。恋母情结的强度，则超乎人们的想象。

小婴儿醒来后发现身边没有人会号啕大哭。

人们会在无意识中追求保护与确定性。

人为什么会迷恋权力、迷恋名声呢？没有人觉得有了权力和名声就会幸福起来，但还是趋之若鹜。

这是因为人们认为"力量"会带给我们保护与安全。

不仅仅是权力和名声，迷恋恋爱也是同样的道理。没有任何一个人觉得能够通过迷恋获得幸福，但丝毫挡不住他们迷恋某种东西。

性是为了逃避分离残生的不安而采取的绝望式尝试，并产生越来越强烈的分离感情。

它是一种看不见的麻醉剂，可以满足近亲私通愿望。

人生的课题，是从"退行欲求"中解放出来的。

"多大程度上从恋母情结中解放了出来，多大程度上活出了真实的自我。"这里所讲的恋母情结当然指"退行欲求"。

一个一个地解决自己人生的课题，就是"活出真实的自我"的过程。

没有得到母爱的人，很难从恋母情结中解放出来，无论如何都进步不了。

　　犹如一辆旧车不仅引擎出了故障，还在雪地上打了滑，一步都无法前行。

心理不成熟的人，总是认为自己"不幸""悲惨"

人们喜欢紧紧抓住不幸的情绪不放，很难从这种情绪中抽离出来。

人们不会主动从不愉快的情绪中脱身。这是因为沉湎于不幸的情绪中，恰好满足退行欲求。

但是，长大以后，退行欲求则很难得到满足。这种未得到满足的欲求会产生怒气，转化成敌意，转化成攻击性。

只要人的心理不成长，攻击性就不可避免。

有句话叫"忌妒会杀人"，的确如此。

攻击性以被动形式表现出来，就成了忌妒和妒忌。用英语单词 passive-aggressiveness 形容忌妒更为贴近。

苦难是表现责难的手段。

只有拥有苦恼能力的人，才能理解阿德勒这句话——"苦难通往解放与救赎。"

阿德勒指出，攻击性会巧妙地乔装为"软弱"。正如有一个说法叫悲惨依赖症，攻击性会乔装为夸大的悲惨。

夸大自己的悲惨时，满足了退行欲求，所以对自己悲惨的夸大永远停不下来。

神经症患者的"过度被害者意识"，是攻击性伪装而成的意识。

所以，尽管全世界人民都渴望和平，人类历史仍然是一部战争史。人类不停地发动全世界人民都反对的战争，是因为攻击性存在于无意识领域。

伯朗·沃尔夫说，解决苦难时总是选择容易的途径，就是神经症。任何人都希望选择容易的途径去解决困难，然而这是退行欲求的表现。

这是弗洛姆的观点：

非常清楚的一点是，最重要的原因在于，拥有矛盾倾向的强度，尤其是这些倾向的无意识部分拥有的强度。在选择好的行为，而不选择坏的行为中起决定作用的，是意识。意识到目标中的哪一个更理想，发现外在愿望背后的无意识欲望，意识到现实可能性，意识到结局。

暴怒情绪驱使下对孩子大打出手，却说"为了他好"，合理化自己的行为。

明明是由于自己缺乏安全感才不离婚，却说"为了孩子才不离婚"。

明明是因为丈夫不工作而离婚，却说是因为丈夫嗜酒才离婚的，这种行为其实很令人讨厌。

逃避接受真相，就是在逃避成长。所以苦恼不堪。

脑海被烦恼占据，指大脑被那种荷尔蒙填满的状况。

大脑研究表明，苦恼的人大脑中的扣带回皮质 cingulate cortex，部分处于过度活跃的状态。

这叫作"中毒导致的恍惚状态"。能战胜这种"中毒导致的恍惚状态"，就是成长。

所以成长很痛苦，绝非那么容易的事，就好比战胜药物的魅力。

治疗药物依赖症有多么困难，连非医药专家的普通人都知道。

但是成长就是如此艰难。

认为"人生无法随心所欲",是活得紧张的人的末路

这是遭遇了人生坎坷,即人生充满后悔的一位老人的手记。

与他之间有争执。跟她也互不让步。家里纠纷不断。生活了然无趣。工作环境不愉快。每天早上起床时都感觉无精打采。

不愉快的事数都数不清。就算是暂时消除了这些不愉快,但只要活着就不可能彻底摆脱。

为了消除不快所付出的努力,反而又带来了新的不快,导致最后陷入不快而无法自拔。

刚才也说了,每天早上睁开眼睛后心情都不好,但又毫无办法。所谓痛苦,就是自己不希望存在却依然存在的东西,重复前面的话,即"人生无法随心所欲"。

既然人生本身有二律背反,不可能随心所欲,即使朝着"随心所欲的人生"努力也是徒劳,只是徒增烦恼,直至被烦恼吞没。

这个人就是在成长欲求与退行欲求的纠葛中,选择了放弃解决,并安于现状。这个人说"家里纠纷不断。生活了然

无趣。工作环境不愉快"。

但是，他没有去思考"为什么"。

如果思考一下"为什么我的家里总是纠纷不断"，该多好。因为这样就能借此看清自己和他人。

如果思考一下"为什么其他人跟自己不一样，活得充满乐趣呢"，该多好。

最重要的一个问题，是"为什么人生无法随心所欲"。

这是因为，尽管人类的成长可以通往救赎，但人们还是希望尽量避免成长过程中的苦难。

人生之所以无法随心所欲，是因为人们想要避开获取幸福之路上不可避免的苦难。

如果直面获取幸福之路上不可避免的苦难，把无法随心所欲的人生看作对自己的挑战，他的人生应该不是现在的样子。

如果他接受了马斯洛的以下观点并付诸实施，人生一定会大不一样。

我们要更全面地了解未被满足的不足欲求所持有的顽固和退行力。

进一步了解安全和稳定的魅力。

更全面地了解针对苦恼、恐怖、丧失、威胁等的防卫与保护机能。

进一步了解勇气对于成长和进步的必要性。

鉴于对"未被满足的不足欲求所持有的顽固和退行力"的无知，未实现终身幸福的人数不胜数。

如果这些人都能认识"我的退行欲求很强烈，希望家人能再多宠爱我一点，再多感谢我几分"的自己，并接受这一现实，想必家庭一定会更加和谐。

让人生无趣的关键词，是"安全至上"

每个人作为一个社会人，要履行相应的义务和责任很痛苦。但是通过履行这些义务和责任，会产生作为社会人的成就感，会产生对于社会的归属意识。

人，之所以会信奉"安全至上"，是因为幼儿时期的愿望未得到满足。在作为社会人履行相应的义务和责任之前，首先想要满足幼儿时期的愿望。

但是，幼儿时期的愿望未得到满足的人，会比较被动，同时还希望得到别人的赞赏。

出于安全至上的考虑从现实中退缩出来，这是梦想的丧失。

澳大利亚精神科医生伯朗·沃尔夫称之为"退却神经症"。

这样的人由于总是处于恐惧之中，常做噩梦，并且会把自己缩在一个小天地里面。

没有在自己人生的茫茫大海上扬帆出征。

担心着自我价值的剥夺，但硬撑着绝不向现实屈服，即为"不逃避的勇气"。

在人生的茫茫大海上扬帆出征，就是不逃避现实的勇气。

选择了逃避的人，尽管肉体上、社会认知方面成长了，却没有完成人格的重塑。

要想在崭新的环境中生存下去，需要接受再教育，有人却拒绝接受。

仍以哥伦布为例。

故事发生在十五世纪。哥伦布抬起头，用手敲着桌子说道："我要向西航行。"

当时，哥伦布的人生追求是什么呢？哥伦布心里对热那亚海的对岸做了什么样的描绘呢？

哥伦布为什么站在那个石阶上，宣布"我要向西、向西、向西航行"呢？

我在一九七二年夏天，探访了哥伦布位于热那亚的旧居。当时下着小雨。

在淅淅沥沥的小雨中望向大海时，我真切感受到了当哥伦布宣布"向西航行"时，他的人生是多么充实。

"人生感意气，谁人论成败"，也就是所谓的追随成长欲求。

从热那亚望向里维埃拉海岸线的大海时，我切身体会到所谓人生的充实感是何物，以及他当时拥有多么光明的未来。

永不消逝的是人的成长之美。

"向西航行"，与当时哥伦布人生的充实度相比，在消费型社会中，价值获取方面受挫是多么不值一提。

任何人的人生中，都有着等待你去航行的大海。可是，有一种东西阻碍了"人生感意气"，那就是安全至上的执拗。

　　它是人类心中的退行欲求。

关键在于，要努力搞清楚"自己苦恼和痛苦的原因是什么"

用一句话概括马斯洛的观点，即"我们必须清楚地知道，成长通常比人们想象中困难得多"。

的确如此。人类的初始设置中不包含一定能幸福。

完全轻视生存问题的现代人所必须的，是对人性的理解，体现许了愿就能幸福的想法的幼稚性。

只要基本欲求未得到满足，人必定首先满足基本欲求。普通人无法将它割断而继续前进。

对于苦恼的人而言，苦恼是最大的救赎，这说明了退行欲求有多么强烈。

苦恼的人希望满足退行愿望，而不是追求成长，却从未想过通过成长来解决问题。

所以苦恼着才是最轻松的。

只有当苦恼的人意识到自己心中隐藏的敌意和恨意，并想出处理方法，才能解决自己的苦恼，除此以外别无他法。

防卫力量与成长倾向之间的根本矛盾，深埋在人类最深的本性中。这一点，无论是现在，还是在遥远的未来，都不会改变。

下面一段文章是一个人的手记。

"那暂且不提，不管怎样，先爬起来再说。"不打乱一直以来所坚持的健康节奏。接受不快、不安情绪，明白"不快、不安也毫无办法"的一颗心最终不会被不安和不快吞没。

即所谓道元（日本镰仓时代僧人）所说的"苦难，你想逃避也逃避不了，说不喜欢也无济于事，只能一边痛苦着，一边去完成应该完成的事"，这是一种不被苦难吞没的态度。

一心想要战胜苦难，却反而导致拘泥于苦难，被苦难吞没。

只要不打乱生活的节奏，就对一切精神上的不愉快和苦恼置之不理。

为了内心的安定，把苦恼和不快放置一边即可。

不排除不必要的东西，原样放在那里就是，在纯自然的状态下去观察事物，以现象学上的抽象的态度前行。

不被吞没、不拘泥、不排除，在自然的状态下，不把道变为气，就不至于迷失方向。

与西田哲学的"绝对矛盾的自我同一"的观点相似。

为了内心的安定，只需对不快和苦恼等置之不理即可。不需要去驱逐，就让它在那里，以质朴的眼光去看待事物，用现象学上的抽象态度即可。

不被吞没，不拘泥，遵循自然规律，走自己的路。

尽管这个人提出了"不排除，就让它在那里，以质朴的眼光去看待事物"，但对此的解释却偏离了。

直面苦难，才能通往成长与救赎，而不是"不排除，就让它在那里"。

这样的人"对苦难置之不理"，其实并未凝视自己的内心，没有思索"自己为什么这么痛苦"。

"暂且不理，先暂且把日子过下去"这种做法诚然不错，但是如果不正视自己的内心，最终则无法解决苦难，无法成长。

不顾一切硬干，会使人们付出的努力付诸东流。

再怎么学习西田哲学，学习道元精神，如果不清楚自己烦恼的原因，都将毫无意义。

这就是学习哲学的危险，是会令人误解自己不幸的原因。

对这些人而言，哲学的学习只是起到了把自己的绝望合理化的作用。

"把自己的事情束之高阁的人"将终生痛苦

最大的危险，是把自己的事情束之高阁。

至死都没有成长起来的人们的共同点，在于把自己的事情束之高阁。

"为了内心的安定，对不快和苦恼置之不理就好了"，话虽如此，但还是应该思考一下："为什么我这么痛苦，那个人却跟我大不一样，难道他没有苦恼和不快的心针？"

把自己的事情束之高阁，不回顾自己的过去，不思考"自己这一路走来逃避了什么"。

不思考自己到底是因为眼前的苦恼而痛苦，还是"因为生理上已经五十岁的自己，心理年龄却只有五岁而痛苦"。

后者的话，恐怕苦恼的解决，并不能改变事实。这意味着自我改变、自我成长。

此外，把自己的事情束之高阁的人们的共同点是什么？为什么把自己的事情束之高阁呢？

说到底还是隐藏的怒气、隐藏的敌意。也就是说，不找到这一根源，就无法获得成长。

虽然我没有学习过道元精神，但我想道元真正希望的，其实是完全相反的东西。只不过，这种现象，在哲学和宗教以外的其他领域也会发生。

有人打着马克思的旗号，宣扬着与马克思思想完全背道而驰的理论。

这些人并非真正信仰马克思主义，只是通过宣传马克思主义，来防止自我价值崩溃而已。

大多数人都不清楚"自己被什么东西支配着"

"所有人的内心，都存在两股力量"，弗洛姆也有相同的观点。

由于对人性理解不足，尽管一百个人中有一百个人渴望和平，人类历史仍然是一部战争史。尽管一百个人中有一百个人反对战争，世界上仍然战火纷飞。

大声呼喊"反对战争"，有的人热衷于喊些冠冕堂皇的口号。然而，这等于什么都没说，就像大喊"太阳从东边升起"一样。

只有开始思考"一百个人中有一百个人反对战争，为什么战争还是发生"，才能理解人性。

安全第一的优势，在于在成长欲求与退行欲求发生冲突时，退行欲求总是获胜的一方。

幸福与安全至上互为矛盾。

追求幸福的愿望，与这个人内心隐藏的敌意互为矛盾。

而且，大多数情况下，人是由隐藏的敌意支配着。但是人们对此浑然不觉。所以人们追求幸福，却无法得到幸福。

人们对支配着自己的东西缺乏足够的了解。

把自己变得不像自己的自我异化，正是卡伦·霍妮所说的神经症的核心。并且，敌意是导致自我异化的原因。

因受到伤害而产生的敌意占据主导地位，自我实现和成长就只能往后推了。

敌意以及深深的自卑感，会影响一个人原本的情绪。

此外，隐藏的敌意，表面看似风平浪静，却会以另一种面貌体现出来：它会乔装成悲观主义的思维方式，并伴随着对自身悲惨的夸大等各种各样的苦恼。

人们意识不到支配自己的东西。所以，很多人尽管非常努力，却还是越来越不幸。

人们意识不到自己内心妨碍自我成长的力量有多么强大。

一旦意识到这些，必然会有更多人成功治好神经症。

世界也会更加和平。

弗洛伊德把抵抗无意识上升为意识的力量称为抵抗运动，但是烦恼的人自己察觉不到这种力量有多么强大，而是抵抗理解真实的自己。

卡伦·霍妮把抵抗的自由称为神经症的闭塞。

闭塞性力量指的是妨碍成长的力量。

众多精神医学家都发现，人类自身有一种妨碍成长的东西。

为什么妨碍成长？因为这是神经症患者的自我防卫术。

对很多人而言，并不是没有通往成长和幸福的道路。只是道路虽有，却已经被截断。

"隐藏的敌意"是幸福的天敌

无须再把卡伦·霍妮或马斯洛搬出来，以小孩为例就很容易理解。

有个小孩尿湿了裤子，得了尿布皮炎，他很不开心。因为，为他洗干净并帮他治疗尿布皮炎的人在治疗时，会让小孩感到钻心般疼痛，对小孩来说这是格外讨厌的。

对苦恼中的小孩而言，敦促他成长的人最讨厌不过。

而有人会对他置之不理，任由他受尿布皮炎的折磨。于是，对小孩来说，这个人变成了"好人"。

未在真正意义上照顾自己的人，小孩倒认为是"好人"。

大人也同样如此。

心理上患病的人，讨厌帮助解决自己问题的人。因为他寻求的是安慰，而不是解决问题。

因此，心理上患病的人，周边全是不诚实的人。

与此相对，心理健康的人，身边则全是促进成长的人。这就是所谓的良性人际关系。

幸福的人们的共同点，有乐观主义、目标适当、良性人际关系等。

这三点，自我异化的人一点都不沾。

幸福的人们的三个共同点的共性，在于敌意的欠缺。

悲观主义，即阿德勒所说的隐藏的敌意。

隐藏的敌意，既会影响目标适当，也会影响良性人际关系。

隐藏的敌意，是幸福的天敌。但是，在某些状况下，敌意是人类不可避免的一种情绪。

在退行欲求的影响下，人们会被囚禁在敌意中。

并且，退行欲求会带来安全性的优势。

所有人都追求幸福，但是人性之中有种东西阻碍人们幸福。正如前面提到的，人类的初始设置中不包含一定能幸福。

这是人类存在的矛盾，是人类与生俱来的矛盾。如果按照原罪的方式来命名，可以说这是人类的原矛盾。

也可以说人生的课题，就是解决这一原矛盾。

所谓原矛盾，就是自己的内在矛盾。

阻碍幸福的力量非常强大

马斯洛又详细做了如下说明：

出于恐惧心理，人们容易拘泥于安全和防卫，容易选择倒退。人们害怕脱离与母亲的原始连接；害怕自己已经到手的东西暴露在危险中；害怕独立、自由、分离。

这种退行欲求的力量强大得超乎想象。由于我们对它理解不足，所以人们很难幸福起来。

正因如此，很多人穷尽一生，却作为难以愉悦的人类为自己的生涯画上了句号。

受伤的自我，就像生活垃圾一样。受伤的自我这一生活垃圾，是从过去的生存体验中产生的一种不需要的东西。

想幸福起来，就要把生活垃圾扔掉。

然而，在现实中，这种生活垃圾是扔不掉的。

为什么这么简单的事情都办不到？

据最新研究，情绪方面的学习，是在大脑的特定部位、在无意识中进行的。我们经常在无意识中记住所学的东西。

这就是"情绪可以被学习"的恐怖性。

具有神经症倾向的父母，被失败侮辱过。孩子会从中学习到不愉快的情绪。

在这种学习的影响下，当下次出现同样的局面，明明没有被侮辱却觉得自己被侮辱了，变得不愉快。

被别人提醒了也不愉快，因为觉得自己被侮辱了。

如果没认识到在相同的刺激下，不同的接触方式会导致不同的情绪，我们会成为自己捏造出的情绪联想的牺牲品。

沦为情绪联想的牺牲品，就是选择了退行欲求；拒绝成为情绪联想的牺牲品，则是选择了成长欲求。

我们脑子里会想，因为那个人的态度而让自己变得不愉快挺可笑的，那个人只是在考虑自己的事情才这样做。但即使清楚这一点，也还是会不愉快。

换一个角度来看"情绪可以被学习"的恐怖性，就是成长的难度。

用"还有比自己更不幸的人"这种想法，来搪塞自己

我们没有察觉到潜伏在自己欲望深处的力量。

比如，被丈夫背叛了的妻子，说"为了孩子不离婚"。其实，这只是托辞，真实情况是由于一个人生活的孤单、经济上的压力等，才选择不离婚。

因为她没有选择离婚，从而让自己心里有了痛快的勇气，所以她告诉自己不能离婚，继续过这令人沮丧的生活。

相反的情况是，有一位妻子由于丈夫不工作而选择离婚，却说是因为丈夫嗜酒才离婚，把自己离婚的决定合理化。

现实中，很多妻子因为无法忍受丈夫而离婚。

承认"我就是因为无法忍受丈夫才离婚的"，心灵救赎的通道才会打开。

只要是为自己找到离婚的合理化理由，说因为丈夫嗜酒才离婚、因为影响孩子的教育才离婚，这条通道就不会打开。简要概括一下弗洛姆对这一问题的看法。

"非常清楚的是，最重要的原因在于矛盾倾向的强度，尤其是这些倾向的无意识部分拥有的强度。在不选择恶行而选择善行中起决定作用的，是意识。意识到自己的目标中哪

一个是符合愿望的、发现显在愿望背后的无意识欲望、意识到现实的可能性、意识到结果。"

以下是一个人的手记。

A氏，夜里在银座喝酒喝得酩酊大醉，从新桥站的站台上跌下轨道，被正好到站的电车轧断了双腿。尽管他是自作自受，但这仍是一场意外的灾难。从此以后，他的人生中就失去了双腿。

他看着透过医院的窗户射进来的阳光，爽朗地问早安，"啊，天亮了，大家早上好"，他感谢自己还有双手，即使过着失去双腿的生活。

人生，若抱怨起来永远都没有尽头。在有没有双腿等个人所拥有的条件之上，过好自己的人生才是当务之急。

可以向他人的人生学习，却不能模仿。因为模仿的人生是伪造的人生。真正的人生，应该在个人所拥有的不同条件之上度过。这是与自己的相逢。

话说回来，写下这篇手记的人，乍一看，好像是规规矩矩面对人生的现实了，事实并非如此。其实，他拒绝感受自己的不幸。不承认自己不幸福，硬要深信自己是幸福的，通过把自己与失去双腿的老兄相比，努力相信自己是幸福的。

其实内心深处知道自己活得很痛苦，知道自己活得了无生趣。

这是一种无论如何也战胜不了的绝望感。那他怎么能好起来呢？

"这个老兄失去双腿还能愉快地活着，自己怎么就不幸福呢？"这样一想就好了。

然而，他是害怕看到导致自己不幸的真正原因。害怕认识到自己对自己很绝望。其实无意识中很清楚。

希望逃避真实状况、逃避苦难、活得更惬意一些、活得幸福，所以把自己跟失去双腿的老兄做了比较。

归根结底，想要幸福，还想设法逃避苦难，于是反复纠缠不清。

阿德勒说："苦难通往解放与救赎。"

苦难通往成长。

反过来讲，即逃避苦难，则无法幸福、无法成长。

心理脆弱的人，总是想方设法用更轻松的方法获取幸福。

"就连那个社长，还因为冲撞了行业公会而吃了苦头呢。"

"那家人，好像因为遗产纠纷闹得鸡犬不宁呢。"

这样的话到处都能听到。

大家都觉得那些看起来很幸福的人其实并不幸福。于是说"就连这些人其实也一个比一个惨"。

这样想来安慰自己的人，不是通过自己的力量去追求幸福，而是通过把别人都想得不幸来实现自己的幸福。

回到前面的话题，这个人在"这样、那样"地一直纠缠不清，却不采取具体行动。

只是试图通过告诉自己"现在的我很幸福"，来克服人生的问题。

这就是所谓的"甜柠檬"。柠檬明明是酸的，却硬要说是"甜的"，与"酸葡萄"同样的道理。

归根结底，就是现实否认。

"甜柠檬"也好，"酸葡萄"也罢，都是单纯的现实否认。现实很残忍，于是就把这一现实变"有"为"无"。

只是告诉自己"我不痛苦"，除此以外，什么都没做。

这个人也是没有树立"我要做这个"的目标。

没有积极的心理目标，是"不活跃的心理状态"。也就是说，这不是真正的解决。

松松垮垮，等待有谁来帮助自己。

只有意识到"我，其实并不幸福"，并接受这个现实，前方的通道才会打开。

这个人明明在广义的范畴下不满意，却装出"我很满

意"的样子。其实自己内心深处无比清楚，自己的生活方式
并不积极向上、不充实。

只靠想，是不可能获得幸福的

其实有些人很羡慕过着上进而又充实的生活的朋友。为自己输给朋友感到遗憾，于是狡辩说"我对自己的生活方式很满意"。

明明很羡慕不断挑战自我的人，却狡辩说"我的人生很充实"。

明明很羡慕手握重权的政治家，却狡辩说"我很满足，权力毫无意义"。

写这篇手记的人所羡慕的，又是些什么样的人呢？

是无意识中清楚"成长和进步需要勇气"，并拿出全部勇气的人。

这个人，却不曾留意自己所羡慕的人，在别人看不见的时候都做了哪些努力。

这个人，没有去观察自己真实的心态，想要通过胡乱的解释来变得幸福。所以永远都不可能幸福。

这是慢性不满。

慢性不满之所以产生，是因为逃避了苦难，拒绝了成长。

意识到无意识领域中的怒气和不满，并接受它们，前方的通道才会打开。

意识到自己在无意识领域中"拘泥于安全与防卫"，并接受这一点，这个人的人生通道才会打开。

这个人只有认识到自己的退行欲求的强度，前方的通道才会打开。

人们"害怕自己已经拥有的东西暴露在危险中，害怕独立、自由、分离"。

在对独立、自由、分离的恐惧感中，这个人不可能建设性地活着。只有认识到这一点，并接受这一点，才有可能建设性地活着。

不认识到自己被什么支配着，则不可能积极地行动起来。

于是变得目中无人。之所以目中无人，是因为出于恐惧而拘泥于安全、防卫和退行。

追求安全的人生，在一事无成中走完人生路

我翻译过一本美国出版的名言集，以《名言开拓人生》（一九九四年，讲谈社）的书名发行。

其中一句名言是这样的：

请满腔热情地深爱。也许你会受伤，但这是让你拼尽全力过好这一生的唯一办法。

我写了这样的解说：

人生中最重要的莫过于满腔热情地深爱。如今的年轻人由于担心受伤，不与人深交。

可是，不与人深交的话，恋爱也只不过是"一场被爱的游戏"。所以一有什么问题，就立刻分手。反之，即使很讨厌对方，也依然抓住不放。

于是，恋爱变得千篇一律。有人说人们在说出"我爱你"这句话时越来越谨慎了，其实不是这么回事。

对于退行欲求未得到满足的人类而言，所谓安全，就是被他人承认、接受，不遭人讨厌，不被人轻视，不被拒绝。

所谓安全，是不被自己目前所在的集团排挤，人际关系

上不被孤立，得到别人的赞赏和爱。

所谓安全，是被他人保护，保证能度过可靠的人生。

担心不能从别人那里得到这些，所以无法成长，内心祈求着幸福，却过着地狱般的人生。

反之，只要得到了这些，难说不与原来的自己分道扬镳。很可能会丧失自己，有时甚至会交出自己的灵魂。

人们有时的确会为了获取安全而出卖自己的灵魂。

人们为了获取安全，会迷失真实的自我，甚至会出卖真实的自我。

内在的情绪和思维，会一直后退直至安全性占优势地位。

马斯洛也认为，当安全性得到保证，才会让你发现更高的欲求和冲动。当安全性受到威胁，会退行至最初级的基本欲求。

卡伦·霍妮的言论中也包含这样的内容：

面临放弃安全与放弃成长的选择时，通常是安全幸存。安全的必要性，比成长的必要性更占优势。

无论是马斯洛还是卡伦·霍妮，都持相同的观点。

某位老人临死前，写下了自己痛切的悔意，"曾经想做的事，但凡做成了一件，'我的人生'也不至于这样"。

这位老人就是在自己的人生中，常常放弃成长而选择安全，只在安全得到保证的范围内做事。

想必这位老人也有很多想做的事，有内心的愿望。然而，"内在的情绪和思考，都后退到安全性占优势地位的地方了"。

这位老人真正表达的，是"我只是在安全得到保证的范围内做了一些想做的事。然而，回过头看，全是一些毫无意义的事"。

就好像在明知道体制不会崩溃的情况下，掀起反体制运动的年轻人。

当时以为做了多么了不起的事，长大后回过头看，只有空洞的青春。

另外，遵从专制式父母的意愿，从名牌大学毕业后进入名企工作。然而，工作后却患上了自律神经失调症。这才知道，原来是名企的一员，对治疗自己的心理问题毫无意义。于是后悔起来，"曾经那么努力，我的青春在哪里？"

大家都是在受挫后才知道，"内在情绪和思考，后退到安全性占优势地位的地方"了。

大家都是在安全性这一基础上起舞。既然放弃了成长，选择了安全，再怎么说"我要过无悔人生"也无济于事。

自己无意识"放弃了成长，选择了安全"。把这种无意识意识化是先决条件。

自己的内在愿望，后退到了安全性占优势地位的地方，接着自己的内在愿望会渐渐消失。长年维持安全性的优势地位，最后会不知道真正想做什么事。

人类的成长，从不服从开始

要想实现自己的愿望，即使一点小事，也不要迎合他人的愿望做决断。

无法成长的人，从未被讨厌的人说过"我讨厌你"。

不过，即使被人说"我讨厌你"，也可以把它理解为与自己的生命无关，就能成长。

这是幸福的人所拥有的良性人际关系。

无法成长的人，住在一个无法想象"为自己争取什么"的世界。因为他成长在一个不允许"为自己争取什么"的世界，一直生活在想都不会想这种事情的世界。

但是，如果能理解即使"为自己争取什么"也不会被拒绝的世界是存在的，就能成长了。

简单地说，就是努力建立起来可以坦率地说"谢谢"的人际关系。

害怕成长而选择退行欲求的人，认为成长意味着失去现在拥有的东西。但是，成长不仅仅是失去，还能得到新的东西。

关于这一点，弗洛姆用了"新的和谐"一词。

从专制式父母的羽翼下自立起来，困难超乎想象。

弗洛姆认为"人类的历史始于不服从"。

实际上，人类的成长始于对父母的不服从。

这是自我确立的开端。

从切断与母亲之间的原始联系开始，从这里走向独立和自由。

人类的自立，始于对孤独的恐惧。只有忍受得了孤独的人，才能实现自立。

这种恐惧感的强度因每个人命运的不同而不同。

父母相爱，会激励孩子走向自立。

有人在激励中成长起来，也有人在威胁中成长起来。

在专制式父母的身边成长起来的人，为什么成长如此困难呢？

这是因为，父母的威胁是放逐的威胁。因为必须要有单枪匹马奋斗的勇气，才能不顺从父母。普通孩子一般无法忍受对孤独的恐惧。他们认为顺从父母的控制，从而获得保护会比较安全。

要想自立，不向父母的控制屈服，则必须要有一个人也无所谓的勇气。

然而，勇气是能够自立和成长的人才拥有的力量。

成长必须要有勇气，要有勇气也必须成长。

成长者，则必须突破这一矛盾。

以成为自立的人为目的的"人生博弈之战"

勇气的有无，由一个人的心理成熟程度决定。

一个人的勇气因自我的确立程度和情绪成熟度而异。勇气的获得离不开自我的确立，自我的确立也离不开勇气。

美国某心理学教科书里，关于卡尔·罗杰斯学说的说明，有一段内容是这样的：

我们最能实现自我的时候，是对自己有信心的时候，是不惧怕自我价值剥夺的时候。

如果没有自我实现，就没有真正的自信。没有真正的自信，也不可能有自我实现。即前面提到的原矛盾。

昭和四十年代左右，有一首叫作《青年向荒野进军》的歌曲很流行。稍后，我三十多岁时，曾写过一本名为《向幸福告别》（一九五七年，大和书房）的书。都是以"自立"为主题。

然而，在流行的摆布下，轻易地说出"要自立、要幸福"，就好比没有适当的训练，也没有节制，却想要在奥林匹克马拉松中胜出一样。

尤其是在专制式父母身边长大的人，此时必须要做"关乎生死"之战，这样说毫不夸张。

希望自立的人，必须下定此去不复返的决心，向荒野进军。没有这样的决心，自立则无从谈起。没有这样的决心，幸福也无从谈起。

无论是国家权威，还是家族内部权威，与他们作战，是自立的基石。

既然要作战，则须做好足够的精神准备。

专制式父母不允许孩子的心理自立。这是因为，父母自身在心理上依赖着孩子。孩子一旦自立，父母将失去心灵的支柱。

可是，"自由与不服从，是密不可分的"。

想撒撒娇，却受到母亲的惩罚。这种不被母亲宠爱的人会一生不愉快，说不定长大后会对弱者施以暴力。

想撒撒娇，却被母亲无视，说不定长大后会成为心眼坏的人。

想撒撒娇，母亲却递来一杯热水，长大后可能会变得胆小、怯懦。

这是人类的本性。

尽管如此，依然要成长起来。这才是真正的勇士。

既然想要自立，就需要有即使一千个人说不行，我也依然坚持走自己的路的决心。

看似醒悟了的歪理，实则为逃离人生战场的人的借口。

下面一段话，就是没有下定成长的决心的人写的东西：

"福祸如绳缠""有乐就有苦"等语不惊人的说法，其实道出了人生规律的真髓。

即无论是灾难还是痛苦，都要把它当作理所当然的规律来接受。

把苦难当作理所当然来接受，同时享受欢乐的乐趣，是人生的姿态。

"有乐就有苦"是人生的真髓，却又逃避"苦"。

"有乐就有苦"这句话，是在人生战争中战斗的人所说的话，从人生战场上撤退下来的人，只有"既没有乐也没有苦"的绝望感。

规律不是编造出来的，它存在于自然之中。遵循规律活着指的是与自然合为一体。他还写道：

矛盾的解决靠时间规律，让它自生自灭。

无条理是人生的本质，是人生规律的源泉。没有矛盾，人生规律也发挥不了作用。

"苦难通往解放与救赎"的说法其实是矛盾的。没有一个人盼望受苦。然而，只有经历了这种不受欢迎的苦难，才能得到自己想要的东西。

前面引用那段文章的作者，提到"矛盾的解决"要靠"矛盾的自生自灭"，这是一种逃避。看似说的是幡然醒悟的话，其实全都是在逃避。

说"无条理是人生的本质"也是逃避。根本没有设法去解决。

这个人嘴上说着规律、规律，却过着完全没有规律的生活。一边崇拜规律，一边不遵守生活的规律。

没有规律是因为他"把自己隐藏起来了"。把自己隐藏起来的时候，生活就偏离了规律。

如果遵守了规律，即使生气，也没有必要噼里啪啦地骂个不停。

就好像迈了右脚后又接着迈右脚一样，需要思考一下为什么会做出这种动作，只有在规律错乱时，正论才有必要，遵循健康规律人生，根本不需要讲道理。

这个人失去了现实感，所以不把这些事一一说出来，就无法生活下去。

之所以不遵守规律，正如前面所说，是因为这个人在自己和他人面前，把真实的自己隐藏了起来。

总之，这个人压抑得厉害。

因为这个人希望把自己隐藏起来生活，所以无论说什么、想什么，都毫无意义。

始于"福祸如绳缠"的思考，也认为"内在的感情和思考，后退到了安全性占优势地位的地方"。

因此打不起精神。

请接受真实的自己，大摇大摆地走路。

这时，你的通道才会打开。

所谓自立，就是相信自己。

所谓自立，就是振奋起来。

无论再怎么狡辩，如果不相信自己，就只能依赖别人。

澳大利亚精神科医生伯朗·沃尔夫用了"人生战场"一词，确实，人生就是一场战役。

为"想做的事没有做成"而后悔不已的人，没有意识到自己一直生活在"安全与成长互相斗争的战场"。

实际明明在战场上，却自以为在安全岛上，就会被打倒，也会变得不幸。

能够令你说出真实感受的环境，是幸福的源泉

经常听到"不输给自己""自己，是自己的障碍"等这样的话。我本人曾翻译出版过一本名为《不输给自己的生活方式》（一九八一年，三笠书房）的书（原著者为大卫·西伯利）。

总之，"不输给自己"就是"不输给自己对安全性的渴求"，是"选择成长，而非安全"。

不输给自己的勇气，就是战胜自己的退行欲求的勇气。

勇气的欠缺，意味着输给退行欲求，所以常常被不满情绪包围。即阿德勒提出的攻击性烦恼，对力量的渴望被隐藏了起来。

马斯洛认为，通常，在足够的安全感中培养起来的孩子，会健康地走向自我成长。如果安全感未被满足，那么对于安全性的渴求，会永远残留在无意识的世界。

并且，在无意识领域，继续追求安全感的满足。背地里会不停地提出满足安全感的要求。

这是自我执念较强的人。

自我执念较强的人，意识不到自己无意识中的欲求不满，正在背地里支配着自己。

小时候未被满足的"对安全性的渴求"将残留在无意识的世界。退行欲求，也深埋在心底。然后不停地提出满足安

全感的要求。

要想从自我执念中抽离出来，则必须意识到这一点。

很多人都不是在理想环境中长大的。父母也是人，所以不可能全都是理想中的父母。

其中有的父母具有很强的神经症倾向。被这样的父母生下来，从小就像活在地狱里。

在这一地狱的战场上一路厮杀过来，就意味着成长，意味着获得幸福。

当然，有可能临阵脱逃，也有可能失去在战场上拼杀到底的勇气，会非常痛苦。

然而，马斯洛认为，这是成长的条件，成长和进步需要勇气。这也是阿德勒所说的"苦难通往解放与救赎"。

如马斯洛所说，退行欲求是正常欲求。黑暗力量也正常，撒娇也正常。

哭泣是一种退行。只有允许孩子退行，他们才能成长，"要接受后退"。

的确如此。

不过，也有人在连这些都不允许的亲子关系中长大。父母明明"必须接受"，然而神经症倾向较强的父母不接受孩子的退行欲求。

在这种亲子环境中长大的人，只能下定决心在地狱的战场上胜出。

无论是发出奇怪的声音，还是号啕大哭，只要负面情绪宣泄出来，孩子的心理上就会获得安宁。即马斯洛所说的"退行的尊重"。

不会宣泄负面情绪的"乖孩子"，恐怕不仅无法进步，连难得的才能都将毁于一旦。

正如前面提到，马斯洛认为，退行也是自然现象。

只有认真接纳了他的恐惧，他才能变得大胆起来。须知黑暗力也与成长力一样"正常"。

把他培养成一个能表达情绪的孩子，长大以后基本不会成为神经症。

即使在无法表达情绪的环境中长大，也不一定会成为神经症。或者长大后认识到自己有神经症，并接受它、治愈它也未尝不可。

这是真正的勇气，是真正的"生之意义"。

只有"追随成长欲求"，人类才能得到锻炼

每个人都有成长欲求和退行欲求。

追随成长欲求生活，同时也在可能范围内满足退行欲求。这是良性意义上的欲求满足。

弗洛姆提出了"报答性的爱"一说，当父母的"爱"只是父母单方面给予时，"欲求满足"有不好的意义。当父母做了孩子所盼望的事，孩子感受到被爱，这是"报答性的爱"。

但是，如弗洛姆所说，"报答性的爱"并非真正的爱。

反之，当孩子的行动追随成长欲求时，父母爱他、夸奖他，是在良性意义上满足孩子的欲求。

鼓励在满足成长欲求与退行欲求这两者时，都常常会成功。

只知道喊"加油"的话，只是满足了成长欲求，所以有时会带来负面效果。

对方为了遇见更好的你而对你好，称为指导，如运动员与教练、亲子关系、老师与学生、上司与部下、朋友之间、恋人之间、夫妇等。

只是满足退行欲求，按照自己的想法随心所欲，既不是爱，也不是鼓励。

然而，现实世界中，每个人未必都能遇到"让你成为更

好的自己"的指导者，反而是令你变坏的人围绕在你身边。

在人生的战场上战斗、胜出，就相当于令你成为更好的自己。

生存对任何人而言，都是没完没了的考验。棺木盖子盖上之前，这种考验不会停止。

人通过"不断经受"考验来提高自己。

当你脑子里想"神啊，请饶了我吧"，神会分配给你更艰巨的任务。

通过忍受这种重负，人类得到锻炼。

除了"追随成长欲求"这一困难以外，没有什么能锻炼人。

换言之，"自己必须要忠实于与生俱来的梦想"。只要忠实于梦想，就不得不追随成长欲求。

人更不能抛弃梦想。

人生中有一种不可避免的考验，即与退行欲求作战时的考验。

生而为人，困难就不可避免，不可能逃避考验。

只要是在心理健康的环境中长大，都要面对人生每个时期的心理课题。详细展开会比较专业，但这里就不具体展开了，总之，从幼年时期到老年时期，课题接踵而至。这是不可避免的课题。

更不必说在心理不健康的环境中长大的情况下，一系列严峻的课题接连出现，直至死去。

要想在"战争中胜出"，必须意识到自己内心的退行欲求，并不断地打败它。

自己的社会年龄、身体年龄和心理年龄之间有很大差距的人，则更有必要认识到自己在每个人生时期的什么地方会受挫。首先要认清敌人。

只希望自己逃避困难的话，会被认定为神经症患者。而神经症患者总是有着"我很特殊"的意识。

活着太苦、太难熬了，这种"来救我一个人"的想法，就是神经症式的要求。

然而，生而为人，任何人都无法逃避困难，无法逃避考验。

尤其是出生于艰苦环境下的人，更是如此。

企图逃避考验，更大的苦难会接踵而至。

出生于艰苦环境而精力不足的人，难免会一直沉湎于过去的事情、无能为力的事情。

认识自己与他人之间的相似性和差异性，也会带来人生启示

只有经历过一个又一个的考验，才能实现成长与救赎。出生于艰苦环境中的人，必须分析自己会在什么地方出于什么原因受挫，并且不急不躁地想出解决办法，一一解决难题。

比如，可以参考苏珊·科巴萨的《逆境中脱颖而出的经营者研究》。

逆境中脱颖而出的人，把困难当作对自己的挑战。他们拥有强烈的成长欲望。

所谓成长，就是面对苦难迎难而上，不逃避现实。

逆境中脱颖而出的人，是乐观主义者。悲观主义是退行欲求的隐性表现。

前面举了哥伦布的例子，他就是非常典型的乐观主义者。在海上足足漂了两周时间都没见到大陆，但他依然沉得住气。

我们每个人，都是自我人生的大航海家。在人生这一茫茫大海上乘风破浪，每个人都需要有哥伦布那样的决断和勇气。

我们不要以为哥伦布特别伟大，也不要以为他和自己周围的人有多么不一样。

哥伦布有哥伦布的人生，我们也有自己的人生。

我在二十岁的时候写了一本名为《我的生活方式》的书（一九五六年，大和书房）。

每个人都各有各的人生。每个人都各有各的苦恼。每个人都各有各的生存障碍。每个人都各有各的命运。

有人从小就体验过各种人生乐趣。于是，有人的杏仁核里面积攒了许许多多的人生乐趣。

反之，有人从小就体验过人生的种种艰辛。有的人从出生那一刻起，就开始忍受各种痛苦。这样的人长大以后，想必他们的杏仁核里，会积攒大量的苦涩回忆。

这两种人四十岁以后，即使经历同样一件事，产生的情绪也会截然不同。

从小在杏仁核内积攒了许多快乐体验的人，会觉得这件事很有趣。外在的刺激通过这个人的神经回路传达给他。

反之，明明现在正在经历的事根本没什么，有的人还是会感到不愉快。总之，无论发生了什么，这样的人每天都郁郁寡欢。

对这两种人而言，人生截然不同。

自己与哥伦布之间的差异，与自己和周围其他人之间的差异一样，必须清楚认识到自己与他人之间的相似性和差异性。

这样一来，所有人都可以有自己的人生参考。不，不

仅仅是人类。对其他动物的观察，也可以作为自己的人生

参考。

认真做成一件事的重要性

人完全依靠自己的力量做一件事，可以增加自信。无论多么微不足道的事，只要是靠自己完成的，就能增加自信。

并非只有完成哥伦布那样惊天动地的大事才能增加自信。

活得没有自我、苦恼于生活之空虚的人，会误以为只有做大事才能增加自信。

即便模仿哥伦布，也不是哥伦布的"这个自己"，要以迄今为止的人生经历为精神食粮，下定决心活出属于自己的人生。以自己的失败和成功经历为精神食粮，用自己的力量创造自己的人生。

这才是真正珍贵的艺术作品。

幸福，基本上是指在人生的个性化过程中获得成功。换言之，不幸的人，输给了个性化过程中所经历的孤独，为了迎合他人而过着没有自我的人生，于是迷失了自己，变得不幸。

要想在个性化过程中获得成功，抵抗孤独与不安的勇气不可或缺。

这种勇气的拥有者，由于没有意识和无意识之间的乖离，努力会得到回报，即完成自我实现。

正如鲍比①和弗洛姆所说，在个性化过程中取得成功的人，没有谁不曾有过母性剥夺的经历。

因此，所谓真正的勇气，是在缺爱的环境下诞生的，体验了母性剥夺，却最终选择了成长欲求。这样的人直面苦难，且逐一想办法去应对。

那种自豪，是自己迄今为止的生活方式带来的。

如果靠作弊侥幸获得巨大成功，不会带来自豪感。如果丧失了自我而取得巨大成功，也不会带来自豪感。

无论多么微不足道，从认真完成一件事开始，这就是勇气。

尤其是在心理有创伤时，更要通过一点一滴去扫除创伤。

这种经历会赋予我们"母爱"的力量。体验不到"母爱"的人，不妨试着每天早上对自己说"我要幸福"，或把它写下来。

人生可能充满烦恼。但要试着写下"我要幸福"，这就是勇气。

喊着"我要变得善战"，像桃太郎那样去降妖除魔不能称为勇气。

体验不到"母爱"的人，即情感缺失严重的人，会误以为只有取得重大成果才能增加自信。

---

① 鲍比：英国发展心理学家，"依恋理论"的提出者。

"神经症"父母养育的孩子的悲剧

阻止真正的自我成长的家庭环境，是什么样的呢？

即父母按照自己的神经症或欲求与孩子接触。

"亲子角色反转"就是典型的具体案例，简而言之，父母为了满足自己的神经症式欲求，试图去控制孩子。

比如，要求孩子必须把家人的事放在第一位，令孩子喘不过气。然而这只是为了满足父母的爱情饥饿感。

孩子经常不得不屈服于父母的神经症式欲求。比如家庭旅行，父母为了平复自己的爱情饥饿感想让全家一起去旅行。明明是自己想去，却以恩人自居，对孩子说"为了你好，带你去旅行"。

之所以以恩人自居，归根结底还是父母的心理欲求在作祟。

父母的这种态度会给孩子带来不安。父母紧紧缠着孩子不放。

弗洛伊德这样说：

神经症式父母，一般具有表现出爱情过剩的倾向，他们是最容易通过爱抚诱导出孩子的神经症气质的父母，这一点毋庸置疑。

神经症患者的爱抚，是什么样的呢？是为了让自己感到安心而爱抚孩子，与养狗人对狗的爱抚如出一辙。

神经症患者的爱情，是过度虚伪的爱情。同时，父母的神经症会令孩子内心崩溃，当孩子身上发生犯罪、行为异常、自杀等社会悲剧时，媒体会写"父亲溺爱孩子"。当媒体写下"父亲溺爱孩子"这句话时，可能就意味着这位父亲是重度神经症患者。

爱抚，一般出于本能。心理健康的人，不会为了让自己安心而爱抚他人。

然而，神经症患者，则需要通过过度爱抚孩子来让自己安心。

的确，很多人尽管出生环境不理想，却也成长起来了。

欺负孩子的父亲或母亲格外多。欺负孩子的父母，内心没有得到满足。因此，即使孩子取得了成绩，也不会表扬，只会贬低。

然而，尽管如此，有的人依然成长起来了。这就是有勇气的人。

他们首先自我意识到，自己生活在什么样的环境中，并且明白自己内心有一种阻碍成长的强有力的能量在捣乱。

清楚地认识到这些，才能弄清楚这样的自己要想成长，应该跟什么样的人打交道，应该努力进什么样的公司，应该努力远离谁，自己应该依靠什么活下去，应该努力做到对自己正在依赖的什么东西放手等。

即找到人生的方向。有了方向性和信念，才能长久地活下去。

请立刻停止"活给别人看的生活方式"

依赖心理不可避免地包含支配性，看小婴儿就明白了。依赖心理较强的小婴儿，希望母亲按照自己的心意行动。

并且只要母亲一不合自己的心意，就会因不满而号啕大哭。

当小婴儿长成少年，他不再因此苦恼，但不满同样存在。这种不满会转化为敌意。

这是个别化过程的起点。

当个别化继续进行、完成自立后，与身边人的关系会再次变好。这是因为通过完成自立，依赖性敌意渐渐消失了。

所谓自立，就是相信自己。不是一味追求被爱，而是掌握爱的能力。

在自我觉醒、个别化的道路上前行即为成长。这其中有困难和苦难，但是这种苦难通往成长与救赎。

反之，在依赖心理的影响下，因压抑自立的欲望而选择顺从，当时心里会比较轻松。然而，这种轻松的人生无法实现人类的成长与救赎。

所谓自立，就是奋发向上。

相信自己、奋发向上，才是有个性的人。

为什么要服从别人？

因为比较安全，受到保护。

选择了服从，我就不再是一个人。

我们必须要有受伤的勇气。

人们总是害怕失败，害怕受伤。

然而，伤害一个人的不是失败本身，而是这个人通过失败的体验，自己对自己造成的伤害。

有人小时候的失败变成了精神创伤。

长大后由于与周围的世界格格不入，明明大家没有嘲笑失败的自己，自己却觉得被嘲笑了。

当你内心揪住眼前一个讨厌的人不放，是因为通过这个人，此前在你内心积攒已久的敌对情绪开始大肆蔓延。

眼下发生的事成为导火索，把过去不愉快的记忆点燃了，很快便像山火一样蔓延开来，一发不可收拾。

所以重点在于，不要任凭消极性的人对自己做判断。

因为他们本来就是一群只会否定别人的人，对所有人都否定，但你会误以为"只有自己"被否定了。

无论消极的人怎么对待你，绝不要因此否定自己。

只要拥有受伤的勇气，就能成长起来。

成长，是人类"唯一正确的生活方式"。

成长伴随着不安和混乱，也会因恐惧受伤。但是，我们要战胜这种恐惧，要有发挥自身潜力的勇气。

只有下定决心去面对不安与混乱，才能体验到发挥自己潜力的喜悦。

然后，这种喜悦的体验将救赎人们。

"失去的乐园"经常被人提起，但也有"得到的乐园"。

只是，千万不要把成长的意义搞错。

所谓成长，就是做真实的自己。

赏红叶时我联想到：

叶子辉煌之后落尽，最后的时刻最美。

叶子不需要说"我没办法成为鲜花"。

叶子本身，也是花。

只要拼命想让世人看到自己的了不起，自己就无法意识到自己有多么了不起。

人只有在不再为了给别人看而活着时，才能发现自己的成长。

人只有在不再为了给别人看而工作时，才能意识到自己的了不起。

只要想起"不用理会别人的评价"，就觉得无比轻松。

以下是某一个人写的文章：

不得不这么做的思维定式，阻碍了我们的自由思考。

其实任何事都没有绝对正确的做法，而这种思维，会阻碍人们充分自由地过自己的人生。不要考虑什么绝对正确，也不要考虑另外一种人生，随心所欲地过好当下的人生，才是自由的人生。

抱有这种想法的人很多，但却无法按照所期望的样子生活。

这个人也说"要随心所欲地活着"，实际上却根本没办法做到随心所欲。说要"过自由的人生"，现实中也不可能过绝对自由的人生。

原因在于，他没有思考"为什么，我没办法过上自由的人生"这一问题。

因为对自己没有信心。

这些人认为，只要许下"随心所欲地活着"的愿望，就能随心所欲地活着。不做相应的努力，只许愿就足够了，这种想法是神经症患者才有的。

之所以说"无法自由地过自己的人生"，是因为这些人害怕被往坏了想、害怕被贬低、害怕被拒绝等。

当我们做到可以完全无视他人的评价，为了获得他人好评的行动也就不需要了。

要从更具体的地方开始努力，这样"自由地过自己的人生"的可能性才会出现。

即使许下"随心所欲地活着"的愿望，如果不付出"随心随欲地活着"相应的努力，就不可能"随心所欲地活着"。

如果哥伦布只是许愿要"向西航行"，则不可能发现美洲大陆。

卡伦·霍妮指出，神经症式的其中一个特征，就是"不付出相应的努力"。

有人误以为即使不付出成长所需的努力，也能获得幸福。

得到工作、获得幸福、度过苦难等，任何事仅凭许愿皆不可能实现。

在强烈虚荣心的驱使下，苦恼不已的人的无意识要求，就是什么都不用做又能获得幸福。

然而，如果自己不努力，没有任何人能给你想要的幸福。

幸福，并不是像小婴儿那样说"我要吃糖"就能得到。

然而，"心理上的婴儿"却总是想不劳而获。

想当哥伦布，却不付出相应的努力。

总之，活得脱离现实。

只要意识到"对自己信心不足"，人生立刻开始好转

对失眠的人，我们的建议是"睡不着的时候，请默念不睡也无所谓"。

这是因为，睡不着的时候，不睡也没事的想法令当事人感到满足。

之所以遇事会觉得"必须这样做"，是因为对自己没信心。

认为自己"不这样做"，对方就不会帮忙，所以在"必须这样做"的想法中焦虑不已。

只有当自己觉得"即使这样，自己也能接受"，人才能活出真实的自己，其他人也才能接受自己。

如果没有与自己面对面，没有意识到"自己对自己信心不足"，无论再怎么祈祷"想随心所欲地活着"，都不可能做到随心所欲。

此人之所以说"无法随心所欲地活着"，是因为他逃避了"与失望的自己面对面"的痛苦。

由于逃避了这种痛苦，因此永远都无法实现心灵的救赎。

成长伴随着不安和混乱。此人一方面希望"随心所欲地过这段人生"，一方面"希望逃避不安与混乱"，所以无法

随心所欲。

由于没有思考过"自己为什么不能过上自由的人生"，所以无法过上自由的人生。更浅显易懂地说，很多人没有意识到自己成长的道路被截断了。

只有打通这条道路，人才能获得幸福。只有停止自我防卫，很多人才能获得幸福。

人们没有意识到，阻碍自己成长的东西，其实就在自己心里。

虚荣心强的人，尽管总是想做一番惊天动地的大事业，却不脚踏实地地做出相应的努力。

总是希望通过别人不知道的"有利可图的事"来大赚一笔、找捷径、找宝藏，于是每天都不顾一切蛮干。不过，即使不这样硬干，也能有所收获。

再怎么虚张声势，其实自己心里清楚，在无意识领域，自己就像无头苍蝇一样乱撞。

所以还是不要虚张声势，试着真实地活着吧！

一点一点地放弃"装模作样"，因为"装模作样"解决不了任何问题。

真实更受人欢迎。说真心话，不会被人嫌弃。

所谓接受自己，就是无论自己什么样，都相信自己的价值。

无论什么样的自己，都能为此感到喜悦。

美国电视节目上曾经播放过通过抚摸海豚治疗"心病"的方法。

这一治疗之所以能成功，一定是因为人类不害怕遭到海豚嫌弃。

当自己的存在被认可，人也就不治而愈了。

哈佛大学的艾伦·兰格教授指出，"感情以约束为基础"。

人们有时会害怕其实并不可怕的东西。即使事态并不可怕，但还是感到不安。

陷入烦恼的人害怕面对现实，是因为害怕面对现实带来的自我价值剥夺。

人总是自己伤害自己，又总是保持警惕以防止受到伤害，因此疲惫不堪。

神经症患者把现实看作大敌。伯朗·沃尔夫则把现实当作盟友。

现实不会伤害自己。伤害自己的是人类自己。

第 4 章

活在别人的目光里，是最失败的人生

人生中有一个陷阱叫作"缺乏式动机"

马斯洛认为，动机可分为缺乏式动机和成长式动机两种。

当欲望、愿望、憧憬等梦寐以求的东西不足时，人会产生动机。这就是缺乏式动机。

如果缺乏式动机得不到满足，会危害健康。这种欲求是最基本的，为了健康，人必须满足它，而且必须借助主体以外的其他人，从外部满足它。

所谓缺乏式动机，是人在安全、所属、亲密的爱情关系等基本欲求不足时，用来满足它们的动机。

一份自己讨厌的工作，却受到他人一致赞赏。

一份自己喜欢的工作，却无人称赞。

你会怎么选?

选择前者的人就是由缺乏式动机支配的人。

本来很讨厌吃芒果,却满足于听到别人说"那个人吃的可是很贵的芒果"的优越感。这种吃芒果的动机就是缺乏式动机。

自己丝毫不觉得芒果好吃。自己完全不明白芒果有什么好的。

受缺乏式动机支配的神经症患者没有真正喜欢的东西,周围全是厌恶的东西。

但是,这种什么都讨厌的人,却认为所讨厌的东西"有价值"。

于是,就努力去得到它。

这是在缺乏式动机支配下的努力。

自己讨厌,自然不可能善待对方。

无论多么喜欢花,只要内心没有得到满足,还是有可能去折花。

无论多么喜欢一个人,只要内心没有得到满足,还是有可能做出居心不良的事。

这种时候,也有可能会听从"要善待对方"的规范意识或道德。尽管发自内心地讨厌,但那是缺乏式动机支配下的努力。

在不满足中选择的是缺乏式动机。

在满足中选择的是成长式动机。

缺乏式动机与成长式动机之间的纠葛，是贯穿整个生涯的纠葛。

"哪怕做成一件想做的事，'我的人生'也会不一样"，这是一位老人写下的忏悔。

换个说法，即"哪怕有一次选择了成长式动机，我的人生也会不一样"。

这位老人一直都处在缺乏式动机的支配下。

什么支配着不离开糟糕丈夫的妻子的内心

世上有很多人，"死都不对不幸放手"。这说明了退行欲求的厉害。

人们总想逃避不安，于是拼了命地抓住不幸不放。较之"幸福还是不幸"的问题，"不安或者安心"的选择则更为本质、深刻。

人们在必须从不幸和不安中选择一个时，总是会选择不幸。

从另一角度来看，这就是退行欲求的恐怖之处。

由于丈夫嗜酒、对妻子施暴、不工作，甚至出轨，靠妻子一个人工作养家。

站在妻子的角度，当然是分开更好。然而，她却认为即使再不幸也比离婚强，做不到离开。

因此，不得不采取"死都不对不幸放手"的态度。

这是因为相对于不安、不幸，至少心理上轻松。

结果如何呢？

长期追求安心而受缺乏式动机支配，会渐渐打不起精神。

或者只为了做给别人看，变得不知道自己想要什么。

对所做的事不感兴趣的话，能量不可能持久。

自我实现是成长式动机支配下的行为，自我荣耀则是缺乏式动机支配下的行为。

　　大部分神经症，在受其他复杂的决定性因素影响的同时，都起因于对安全、归属、同一性、亲密的爱情关系、尊敬和名誉等未被满足的愿望。

　　因为担心失去别人的心而行动。这种行动，是背叛了自己的本性的行动，是缺乏式动机支配下的行动。

　　这种态度长期持续下去，会变得不认识自己。

　　于是，为了维持虚伪的人际关系，不惜牺牲自己的感知和思维方式。在这样伪装自己的过程中，会越来越不明白自己其实是什么样的人。

　　不知道自己真正想要什么，只考虑如何引起别人关注，并且陷入这样一个恶性循环。

长期背叛自己本性的恐怖之处

马斯洛使用了"彻底的矛盾"这个词。总之，社会上的正常性与心理上的正常性互为矛盾。

一切都正常，有些人却遭到拒绝，于是变得无精打采，渐渐迷失了活着的意义。

未得到爱的孩子和未得到满足的孩子，总会出现欺凌他人的行为。但如果禁止他欺凌他人，这种孩子很可能会患上神经症。

有些人只能通过向侮辱自己的人屈服来保护自己。于是每一次，都会感觉到自己对自己而言越来越无法依靠。

结果，只会彻底失去乐趣。

真正的自我发展，绝不缺乏"愉快"的体验。

这一过程中，一旦产生自卑感，会出现两种东西：

1. 厌恶人类。

2. 丧失乐趣。

对于自我实现而言，对自己的信赖非常必要。

当背叛自己本性等行动持续下去，说一个人社会属性正常，就像明明生病了却装作健康一样。

输给别人可以，但绝不能输给自己的退行欲求！

有的人不得不背叛自己的本性而活着。

这就是"疑似自己"。

"疑似自己"，是无法说真话的人的"自己"。

为什么她和自己不喜欢的人结婚？

借用马斯洛的说法，这是"为了活下去，而不是为了愉悦"。

"疑似自己"指的是为了活下去的自己。

为了表现给对自己很重要的人看，即使不开心，也必须强迫自己觉得"啊，真开心"，并且很夸张地说出来，"啊，实在太开心了"。

父亲吩咐做的除草工作明明很累人，孩子却不说"累"。因为只是为了讨父亲的欢心。

请在心里铭记"不成熟会囚禁住你的未来"

很认真且努力却不断栽跟头的人，往往从小就很顺从，从来没有出于自己的意志做过什么。

顺从本身并不是坏事，对什么顺从才是问题所在。如果在一个病态的集体中顺从，这个人自己也会变得病态。

大多数情况下，当你发现自己处于一个病态的集体时，往往已为时过晚。

他们被强迫成为与真实的自己不同的人，即忘记了自己真实的一面，从某种角度来说，是一个未曾振奋起来的神经症患者。

所谓"做真实的自己"是怎么一回事？

即不做"疑似自己"。

也就是说要具备以下两点：

1. 自我认同感很强。

2. 有成长欲求。

以"疑似自己"活着的人，往往会有实际存在的欲求不满。

这种人即使获得了社会性成果，仍免不了绝望，即弗兰克尔所说的"成功与绝望"。

"由未被满足的欲求滋生的愿望"，与希望获得幸福的愿望互相矛盾。于是不得不抓住不幸不放。也就是说，"由未被满足的欲求滋生的愿望"处于优势。

不成熟会囚禁住你的未来。

比如，为了满足"由未被满足的欲求滋生的愿望"，有人会拼命找优越感。

所谓"勇气"，就是彻底断掉"由未被满足的欲求滋生的愿望"，并振奋起来，选择成长欲求。

基于这些事实，弗兰克尔非常重视"断念"这一行为。

只有经历了"断念"的绝望，新世界的大门才会向你敞开。

对对象丧失的悲哀过程的"断念"，才是被弗兰克尔所说的"苦恼能力"。从绝望中苏醒过来，才能获得崭新的人生。

追随成长欲求活着格外困难的原因

勇气，就是在成长欲求和退行欲求的纠葛中，选择追随成长欲求。

正如马斯洛所说，成长伴随着"苦恼和悲哀、不幸和混乱"。

有一个说法叫"生之苦"，这就是成长之苦。并且，这里伴随着"苦恼和悲哀，不幸和混乱"。

勇气，就是在生产性构造和非生产性构造的纠葛中，选择了生产性构造的态度。生产性构造与非生产性构造，是弗洛姆的说法。

要想成长，必须区分开现实之苦与神经症式之苦。

常见的是，明明是神经症式之苦，却有人把它当作现实之苦。

如今，很多人偷换了自己所陷之苦的原因。因为这样做眼下会很轻松。

明明是自己心理有问题而痛苦不堪，却把它当作了现实之苦，偷换了痛苦的原因。

无法从不幸中脱离出来的人，是因为他的努力不是生产性努力。

出于自卑感的努力，以及为了寻求优越感的努力，全都是无效的努力，是导致人们不幸的努力。

在成长欲求和退行欲求的纠葛中，本人并不打算追随退行欲求。

然而可怕的是，退行欲求会改头换面后出现。

比如，以哭惨的形式出现。正如酒精依赖症的人离了酒精就活不下去一样，有的人不夸大自己的悲惨就活不下去。

也可能会以弗洛姆所说的神经症式非利己主义的形式表现出来。在我看来，就是自我执着的非利己主义。利己主义有时候会假扮成非利己主义出现。

施虐狂有时会高举爱的旗帜出现。

就一般表现而言，退行欲求有时会假扮成成长欲求出现。

这种情况下，只能苦恼不堪，问题永远都得不到解决。

在成长的后期阶段，人类本质上是孤独的，能够依靠的唯有自己。

勇敢地接受无力抵抗的孤独和不安的自己

弗洛姆认为，个性化的过程有两个方面。选择哪一条道路是人生的分界线。

一方面，肉体上、感情上、精神上变得强大。

另一方面，则是孤独的增强。随着个性化的发展，孤独和不安逐渐增强。渐渐感觉不到自己的作用和自我人生的意义。沉浸在无力感和自己的无意义感中痛苦不堪。

在我看来，所谓神经症患者，就是在这个个性化过程中一蹶不振的人。即输给了孤独和不安的人，并由于不接受自己无力抵抗孤独的事实而生恨。

出生并成长于充满爱的环境中的人或许更擅长承受不安和孤独，而出生于缺爱环境中的人却无力抵抗不安和孤独。

因此，没有必要为自己无力抵抗不安和孤独而感到羞耻，反而应该为自己不承认这一弱点而羞耻。即勇敢地面对现实。

要想在个性化过程中获得成功，决意必不可少。

西伯里说过，"如果不能活出真实的自我，倒不如去做恶魔"。

在个性化过程中遇到障碍时，不妨扪心自问，是要变成恶魔，还是做真实的自己。

只有人类会在个性化的过程中栽跟头、忘掉自己，从此陷入烦恼。

鼹鼠从未奢想过飞上云霄，因此没有烦恼的必要。

人类把自己定位为万物之灵，却察觉不到这其中的傲慢与愚蠢，常常不顾一切地为难生活，所以才会有烦恼。

物理上存在的母亲，情绪上却不存在，这是不回应型的母亲。而这一点，会影响孩子的发育。

"孩子情绪是否稳定，是否处于苦恼的状态，由主要依恋人物的回应程度决定。"

对于孩子而言，在有应答型母亲存在的情况下，几乎所有的婴幼儿都会感到满足，会爱活动，产生自信和勇气，积极探索周围的世界。

反之，如果没有这样的母亲，他则会苦恼，害怕接近不熟悉的东西、意料之外的人。

孩子的不安，实际反映的是孩子感知到失去了自己爱的人这一事实。

以上虽主要围绕孩子的不安而展开，其实大人也一样。

再次强调，不必为自己害怕不安而羞耻，而要为自己不承认害怕而感到羞耻。只要勇敢承认，总有一天会好转。

有些人为什么会活得很痛苦

人为什么每天都有烦恼？

我们知道烦恼的人迄今为止一直都很努力地活着。然而，拼命努力的人，并不一定都是在成长式动机下努力的人。

原因在于，社会上，本应活得最通透的中老年人自杀率最高。这些人都不是偷懒的人，而是一直拼命工作。

问题出在哪里呢？

要想理解问题所在，首先要认识到心理上健康的努力和强迫性努力之间的差异。

有的努力只是让你变得不幸。只有停止做这样的努力，才有可能获得幸福。

然而，令人变得不幸的努力却怎么都停不下来。这就是不幸依赖症。

有不幸依赖症的人，即使想停止这种只会令人变得不幸的努力，也停不下来，就像酒精依赖症的人无法戒掉喝酒一样。

明知道戒烟对身体好，却怎么都戒不掉。

明知道香烟对自己的身体有害，明知道会影响别人、危害身边人的健康，却戒不掉。

同理，内心明知道"这种努力"对自己的幸福有害，也清楚停止"这种努力"才能获得幸福，却怎么都停不下来这种努力。

单纯地讲，甚至有人至死都无法停止这种只会让人变得不幸的努力。爱较真的人中，有很多这样的人。

很认真、努力却不幸的人，大都在持续着这种只会让人变得不幸的努力。

社会上善良却有不幸依赖症的人太多了。

不想成为"至死都不幸的人",该怎么做

自己和他人都有幸福的资本。同时,自己和他人也都有不幸的资本。

同样的资本可能会成为幸福的原因,也可能会成为不幸的原因。

换用勇气一词来讲的话,这里的勇气,就是做出停止"只会令人变得不幸的努力"的决断。

公司、家庭、所有的一切都令人心烦,所以寻找到酒精,然后变成酒精依赖症。

无意识中厌倦了活着这件事,并且内心拼命想要逃避活着的人;有不幸依赖症,心理上抱有未解决的问题的人;没有勇气面对心理上未解决的问题的人,他们最终将陷入只会令人变得不幸的努力中。

正如阿德勒和澳大利亚精神科医生伯朗·沃尔夫指出的那样,神经症就是勇气的欠缺。

这是称为不幸依赖症的一种神经症。

停止只会令人变得不幸的努力,只要拥有这种勇气,就能获得幸福。

人人都希望获得幸福,这种心情绝对不掺假。

然而,相对于获得幸福的愿望,不幸的魅力却要强烈得多。

不幸的魅力是什么？是一种称为"安全"的东西。

面对放弃幸福还是放弃安全的选择时，心理上存在未解决问题的人，会选择放弃幸福。

任何人都知道，陷害别人的话，自己最终也不可能幸福。所有人都清楚，为了让他人获得幸福而行动的积极情绪，会转化为自己的幸福。

可是，却有许多人抵挡不了欺负别人的魅力。

不幸的人，与衷心希望别人幸福的心情相比，忌妒的心情更强烈。

无论道路多么坎坷不平，心理有深刻问题的人都会选择不幸的道路，并且确实变得不幸。

自己令自己变得不幸，却因此而嫉恨别人。

自己一边死死抓住不幸不放，一边说"我想要幸福"。"我想要幸福"倒也是真心话，正如前面所述，这个人"没有意识到自己无意识中的欲求不满在背后支配着自己"。

总之，意识到存在于自己无意识中的恨意，才能向幸福出发。

如果不承认这一点，则会至死都一直不幸，至死都在持续做只会令人变得不幸的努力。

并且说，"我一直都认真地拼命努力"。行动上当然没问题。的确如此，一直都很认真地拼命努力着。

于是更加愤世嫉俗，陷入更深的不幸之中。

耐心地等待时来运转的姿态也很重要

只会令人变得不幸的努力，无论如何都停不下来。烟无论如何都戒不掉。

这时，只能一边减少抽烟量一边开始做对健康有益的活动，除此以外别无他法。

当身心都恢复健康，元气恢复，或许就能成功戒烟了。

同理，既然只会令人变得不幸的努力怎么都停不下来，那就只能暂时继续了。

只不过，要一边继续着只会令人变得不幸的努力，一边开始为实现自我而努力。

为了实现自我的努力，是为了获得幸福的努力，是成长欲求下的努力。

不因"必须这样做"而焦急不安。耐心等待才能笑到最后。

精力不足，指的是想做点什么，却被什么东西卡住而做不成。总有一天你会知道这个"什么"是什么。

所以不能急躁，要相信自己的现在。

迄今为止每天都在硬撑。

长大以后，力气用尽，再也提不起精神。

因为迷失了硬撑的目的。

采取绝不急躁的生活方式，终有一天你会看到这个目的。

　　只要自己察觉到自己无精打采，那么无精打采也不是坏事。

　　自我察觉到无精打采，反而会心情舒畅。

　　要接受自己无精打采这一事实。正如西伯利所说，接受不幸，才能知道自己应该做什么一样，接受自己无精打采这一事实，生存的能量才会喷涌而出。

　　责备自己无精打采，则会导致振奋不起来。

　　怜惜自己吧！

　　这时你才能振奋起来。

　　无精打采是希望来临之前幼小心灵表现出的娇弱样子。

工作狂和酒精中毒起因相同

作为应对不安的一种反应，有一种态度叫作迎合。

依赖心理较强的人，不敢直接、有意地憎恨对方。于是只好压抑敌意，即无意识地驱赶敌意。于是明明存有敌意，却采取迎合对方的态度。

想要令对方满意，不表达负面情绪，这就是迎合。迎合的人无法直接表达自己的情绪。

不幸的人，为什么总是想讨对方的欢心呢？

不是出于同情而讨对方欢心。讨别人欢心本身并不是坏事，问题在于"想令对方满意"这一动机。

因这一动机而背叛"真实的自己"。

这种压抑滋生不安。

迎合的潜在动机是敌意。于是，表面越是迎合，无意识领域中的敌意越强烈。

越迎合，无意识领域中越厌恶对方。然而，由于无法表现出来，越发地觉得自己不可靠。

被压抑的敌意会滋生更多的不安，这是一种广为人知的现象。

其中有人由不安变成了工作狂。不工作不行，因为一停止工作就不得不直面不安。

想放松，却放松不下来。

休息时也做不到真正休息。

消除不安的方法之一，是连续不断地、狂热地投入到各种活动。

工作狂可能会认为自己对工作充满热情。社会也不会像谴责酒精中毒症那样谴责工作狂。

但是，实际上，工作狂和酒精中毒症在心理上是同一回事。

人们从小就尝遍各种各样的屈辱。很多人由于自卑感而导致心灵受伤。

希望治愈受伤的心灵。所以，人们希望获得社会性成功，争口气。

很遗憾，这种以自卑感为动机的努力，却解救不了人类。

世界上既有沐浴在赞赏中的人，也有为自卑感苦恼不已的人。众所周知，世界上有名的明星和演员，吸毒、自杀的比比皆是。

不安的人，应该首先清醒地认识到业绩并不能解救自己。

做走向不幸的努力的人，在逃避不安。逃避到了提高业绩中，其中的典型就是工作狂。不用说，很快就会消耗殆尽，业绩再也升不上去。

即便如此，为了逃离不安，仍继续执着于工作。直到最后热情被燃尽。

当业绩没有持续上升，出于不安，工作更加停不下来。明知道身体已经无法继续支撑工作、必须休息了，却因为不安而停不下来。

明知道自己的所作所为并不是自己所希望的，却受困于停下来的不安而停不下来。

做自己所希望的事会不安。不做自己所不希望的事也会不安。

更何况这份工作很辛苦，毫无趣味性可言。即便这样，也停不下来。因为害怕被停下来的不安袭击。

工作狂很快就会在社会上受挫。

所以，首先要自我察觉到"自己现在的心理是病态的"。

硬要去做自己做不到的事、勉强自己，这不是上进心，而是自卑感驱使下的行动。

我们一直被鞭策着为了"成功"不懈努力。这是进行自我确认、缓解不安的重要方法。

这一解释很容易理解。不安的人，总是希望被别人认可。简单来讲，他们是被他人掌握着不合理的重要性，而自我不存在的人。

　　导致这种状况出现的是安全性对成长的绝对优势。通过得到别人的认可，来进行自我确认。

摆脱"一定要得到他人认可"的焦躁感的方法

现在的不安,是迄今为止生活方式的后遗症,是一直采取背叛自己的生活方式的后遗症。

男性的"超人愿望"其实是在呐喊"爸爸,请认可我!"。

由于不安而没有自我,尤其希望得到别人的认可。除了通过被人认可来进行自我确认以外,别无他法。

也就是说,除了做无效的努力以外,没有其他办法来进行自我确认。

总是夸耀自己长得美的人们,其实是自卑感最深的人,会遭到周围人的"嫌弃"。

但是周围人看不到他们有自卑感。

拼命想要得到别人的认可,属于退行欲求。

有强烈自卑感的人,除了寻求别人的认可以外,其他努力对他们来说都很痛苦。

原因在于,这是从退行欲求中退出,追随成长欲求的行为。

然而,除了这时所经历的痛苦以外,没有其他办法能实现对人的救赎。

如果对苦恼的原因进行分析,我们会发现,苦恼的人经常会问"怎么办才好呢"。

但是，在问"怎么办才好"之前，先思考"自己为什么到了今天这个地步"才是先决条件。

你要循序渐进地把思维方式从"寻求他人的认可"调整为"寻求上帝的认可，而不是他人"。

这里的上帝并不是宗教中的上帝，而是自己心中的上帝，是自己强大的内心，依靠自己内心的精神支柱。

不安的人，可能会认为缓解不安的方法是成功。然而，现实是，即使成功了，不安也得不到缓解。

所以，只能通过寻求自己内心的上帝的认可，来缓解不安；只能致力于为自己打造一个强大的内心。

并且，当你的态度向这个方向转变，在某个时刻，你会感到"意外地"放松下来。

即使做不到被他人认可，你也可以对自己进行自我确认。

符合前面所引用"我们一直被鞭策着为了成功不懈努力，这是进行自我确认、缓解不安的重要方法"这句话所指的人，没有感受过内心的舒畅，也没有想过玩味内心的畅快。

对于没有感受到内心的舒畅的人，即使劝他"不要再为了追求成功而努力了"，也无济于事，只会以失败告终，且没有道理可言。

然而，只要你稍微玩味一下自我确认这一内心的舒畅，你的想法就会发生改变。你会发现"好像自我确认真的能带来内心的舒畅，与成功截然不同"。

无法确认也没关系。心中抱有"或许？"的想法就可以，带着一点怀疑就可以。

"被鞭策着要为了成功不懈努力"的人，深信内心的舒畅只来源于成功。

在这一想法中，突然把视线转向"寻求上帝的认可"，具有为这一毫不怀疑的确信打开一个风洞的可能性，可能会让你觉得豁然开朗。而这个上帝，是自己内心的上帝，是善待人类并让你觉得亲切、恰当就可以。

当你因这么努力却得不到任何人的认可而懊恼不已时，不妨仰望一下星空，即使没有任何人看见你，上帝一定在那里看着你。当你相信了这一点，就有可能拥有强大的内心。它会转化成"自己的内在力"。

正如前面所说，千里之行，由我做主，要有这样的觉悟。

"自己的内在力"就是自主发电。

即使没有一个人理解自己的辛苦，但夜空中的上帝理解自己，要坚信这一点，才能主动奋发向上。

站在"评价他人的立场"，试着改变对人生的看法

接下来，要思考一下"是得还是失？"。

假设自己想做一件事。工作、约会、喝酒，什么都行。

当你觉得这件事很痛苦时，思考一下"这么做是得还是失"。

也就是说，自己为了追求幸福而做这件事，到底"是得还是失"。

在你认为必须做的事情中，以让自己获得幸福为指标，无疑会有"怎么想都得不偿失"的事。

即将要做的工作很烦，不想做，不适合自己。但是为了成功，又"不得不做"。

为了进行自我确认，无论如何都要做这份工作，并且必须成功。

然而，这是唯一可以进行自我确认、令自己安心的办法吗？

况且，这样做真的能看到幸福的希望吗？

自己希望得到"那个人"的认可，那个人果真有那么厉害吗？

那个人不认可自己，自己就不能进行自我确认了吗？

追随哈佛大学艾伦·兰格教授的"正念"这一概念，建

议大家试着从别的角度观察那个人。

那个人总是指责别人。那个人总是说别人的坏话。他是可以称为坏话依赖症的人。

或许那个人总是不由自主地批判别人。或许那个人通过批判别人来进行自我确认……那么我呢？

你从没有意识到"我害怕被那个有坏话依赖症的批判"？

为了得到认可拼命努力、勉强自己，这次试着反过来从自己的角度观察对方的内心。

这也是一种模式转换。改变看人的角度，不再站在被别人评判的立场上战战兢兢，这次自己试着站在评价对方的立场上去看对方。

然而，"在鞭策下为了成功不懈努力"的人，无法改变自己的立场，总是不分对象地希望得到对方的认可。

改变立场，从自己一直所处的"被认可的立场"向"认可别人的立场"转变。

不分对象地希望得到对方认可的人，立场很难改变。他们不会观察别人。

不会观察对方，发现"啊，这个人由于不安，总是为难、痛骂别人"。

常常位于受别人欢迎或被别人讨厌的立场，无法改变被动的立场。

自己喜欢对方或讨厌对方都可以。但是，这种不分对象地希望得到对方认可的立场，却无法改变。

不妨试着思考一下，自己一直以来的立场"是有失的立场还是有得的立场"。

自己的立场可以由自己随意决定，而不是别人。

你有没有把他人贴的标签当成"自己的性格"

甚至，自己的性格也由别人决定，一直位于被评价的立场。

有人经常说"我的话比较少，性格忧郁"。然而，这大多是别人为他贴的标签。

被别人贴上了这样的标签，于是说自己"不爱跟人讲话"。

说自己在职场上混不开。

说自己忍受了"地狱般的痛苦"，并且觉得"为什么只有我这样"。

一直处于被评价的立场，是阻碍获得幸福的立场。并且，自己还抓住这种得不偿失的立场不放。

总是苦恼的人，一切都由别人决定，到了令人惊诧的地步，"明明是自己的事情，怎么连这些事情都让别人决定呢？"自己的事情，不自己决定，而让别人决定。

我经常收到这样的读者来信。读这些来信发现，好多人说自己"我性格懦弱"，甚至还有来信说"我对对方来说一无是处，所以很害怕对方的失望"。

这样的人，其实是因为对自己失望，才"害怕对方的失望"。所以，只要转变自己的态度，应该就"不再害怕对方的失望"。

要改变自己的态度，首先要反省一下迄今为止的人际关系。

如果小时候，有人向你传递了"你是个一无是处的人"这种破坏性信息，并且你对这一错误信息信以为真了。

反省自己对这种错误信息信以为真的同时，还要战胜这个信息的传递者。

向别人传递破坏性信息、让别人失望的人，其实这个人是对自己失望。

对自己失望的人治愈自己最卑怯内心的办法，就是让身边软弱的人失望。即破坏软弱的人。

而我们应该从来不要主动成为卑怯的人类的饵食。

被动地度过人生的人更容易被深深地伤害

人没有那么容易改变立场。

害怕被别人评价的人，有被动、依赖欲求强烈的倾向。不被动，就没有那么容易受伤。

执着于自己，所以才经常处于被评价的立场。

对自己很执着的人，除了被动以外，还有另外一个重要特征。即兴趣和关心的欠缺，对任何东西都不感兴趣。

要克服对自己的执着，必须克服自我的未确立。青年时期一个重要的课题，就是兴趣的觉醒。自我执着较强的人，尚未完成青年时期的课题。

完成自我确立，则需要将无意识意识化。

所谓的自我确立，归根结底就是罗洛·梅所说的拥有"自己的内在力"，让内心的能力强大起来。

内心的能力，包括能够察觉自己的目的，既不是活在过去，也不是活在未来，而是活在当下，不对他人的评价对号入座等，其中之一，是看对方、观察对方。

让一直以"虚假的自己"生活的人站在观察他人的立场上，不是那么容易的事。

就像让内心没有能力的人拥有内心的能力，没有那么容易。

当自己内心的自发性、能动性和积极性涌现出来，立场自然而然就会改变，没有这些的时候，则要有意识地练习改变立场。

自我确立的同时，你会清楚自己的位置。

拥有缺乏式动机与成长式动机的人之间的决定性差异

以下是马斯洛的看法：

（在成长式动机支配下行动的人）很少依赖别人，很少摇摆不定，很少寻求赞赏和爱情，同时他们的不安与敌意也很少。

缺乏式动机的人，从对方对自己是否有利用价值的角度看待别人。也就是说，只从对方"是否对自己的成功有帮助的角度"看待别人。

他们寻求的是赞赏本身，而不是与对方之间的心灵交流。

在成长式动机支配下行动的人，不把对方当作道具，而是当作一个独立的人来对待。

想必这样展开之后，在成长式动机和缺乏式动机支配下的人的思维方式和感知方式的差异就一清二楚了。

正因如此，把自己的立场从被别人评价的立场向观察对方的立场转变，是个难题。

因为这意味着把自己的动机从缺乏式动机转变为成长式动机。

把自己的行为动机从缺乏式动机向成长式动机转变，意味着从前只是以批判别人了事的人，开始向对自己评价的方向努力。

　　自己努力从缺乏式动机向成长式动机转变的人，不会因对方批判自己而生气，而是观察对方"这个人为什么老批判别人"。于是看清对方，明白"哦，原来是这样一个人呀"。

　　马斯洛认为，把对方当作一个"整体的、多面的、独立的个人"看待，才可以称为观察对方。

　　此外，把自己从缺乏式动机向成长式动机转变，也指不过度反应。

把自己打造成"幸福人格"

正如前面所述，弗洛姆提出的生产性构造与非生产构造的纠葛是存在的。

在生产性构造中生存下来，不仅需要能量，还需要持续控制自己不向非生产性构造倾斜。

这的确很痛苦。这种痛苦才能带来人类的解放与救赎。

生产性构造的人，在问题解决不了的时候，不会把原因归结为外因。

这的确很痛苦。因为要承认自己解决不了，所以痛苦。

非生产性构造的人，则常常把自己遇到困难的原因归结为外因。

非生产性构造、悲观主义的解释、缺乏解决问题的意志这三个特征，在同一个人格中出现，分别表现为不同的侧面。

这就是不可能幸福的人格。

比如有人带着偏见出现在一个场合，当时心理上会觉得很轻松。奥尔波特认为，偏见是一种不满心理。偏见是一种扭曲的价值观，是为了捍卫自己价值的歪曲认识。拥有了偏见，就能防止自己我价值的崩溃。

反之，有一种人格叫作幸福人格。表现为欲求达成类型、重视过程、正念、以自我实现为动机、天真无邪、能动性和积极性高等。

无法幸福的人格，则是价值达成类型、重视结果、负念、以自卑感为动机行动、强烈的自我执着、被动性等。

这两者的差异，想必就是阿德勒所说的"人生范式"。

害怕被别人轻视的人，就是无法幸福的人格。

我没本事，所有人都比我优秀，并且有根据他人对自己的评价来评价自己的倾向。

结果，为了得到他人的好评，而开始做会令人变得不幸的努力。

伯朗·沃尔夫认为，这些人努力的方向，是想要变成能在西班牙建一座城堡一样的别墅那样的大财主。

这是徒劳的努力、令人变得不幸的努力。

有人为建造自己的家而努力，他们能获得幸福。

建造自己的家的人在创造幸福，而梦想在西班牙建城堡的人则只能迎接失望。

梦想在西班牙建城堡的人，是为了给别人看，为了得到别人的认可。

而建造自己的家，则是为了自己、为了自己的成长。

把在西班牙建造城堡的能量转化为建造自己的家的能量，这样才能获得幸福。

第 5 章

从与内心的冲突和解开始吧

"心理病态的人"周围全是"心理病态的人"

有强烈神经症倾向的人，跟心理健康的人交往会很吃力。

心理健康的人，为了解决问题而付出切实的努力。

有强烈神经症倾向的人，则不付出切实的努力。因为这样的努力很辛苦，所以选择逃避。

于是，有强烈神经症倾向的人不付出切实的努力，只知道叹气、发牢骚、批判别人。

夜里，一个人对着电脑，在那些网站上不停地书写对恋人、配偶、上司、同事等的不满。再怎么在网站上写对对方的不满，也解决不了任何问题。

心理健康的人，无法跟不想办法解决问题、只知道叹气的人在一起共事，他们总是跟积极解决问题的人打交道。

因此，内心有纠葛的人，很难跟心理健康的人建立起人际关系。

内心有纠葛的人，和跟自己一起叹气的人在一起会比较轻松。有问题出现时，跟想办法解决问题的人在一起却非常吃力。

正如前面提到的，心理病态的人只跟同样心理病态的人建立人际关系，但是绝不展望未来。

在他们看来，活着了然无趣，人际关系中毫无乐趣，人生没有任何意义。

抱怨和后悔，在那一瞬间令人轻松，但生存会变得愈发艰难，不愉快会逐渐增多。

再怎么在网站上写对对方的不满，结果只会导致"自己无法处理好这个人生"的无力感越来越强。

内心有纠葛的人，与同样内心有纠葛的人在一起，会获得短暂的轻松，但从长远来看，生存会越来越艰难，不愉快的事情会越来越多。

在这一意义上，心理病态的人的人生，与有依赖症的人生相同。

酒精依赖症的人在喝了酒时，会获得短暂的轻松，然而最终会更加艰辛。

对于有酒精依赖症的人而言，看似喝酒能解决问题，结果只会导致问题加深。

在感叹理想与现实的差距、批判他人时的一瞬间心理比较轻松，结果，生存会越来越艰难。

因人际关系而批判对方时比较轻松，结果生存还是会越来越艰难。批判别人很轻松，但最后跟任何人都交不了心。

对自己内心的纠葛避而不见、一味批判的人，周围聚集的全是同一类人，全是不脚踏实地努力的人。

对内心的纠葛视而不见的人，从不反省这个爱批判别人的自己，从来没考虑过"自己为什么这么爱批判别人"。

对内心的纠葛视而不见的人周围，不再有自我实现的人。

随着时间的流逝，有依赖症的人生和实现了自我的人生，将截然不同。

这想必就是阿德勒所说的"苦难通往解放与救赎"。

现实的自己，拥有内心的纠葛。直面这种内心纠葛并努力去解决，就是"苦难"。这一"苦难"就是能帮你"实现解放与救赎"的东西。

对自己内心的纠葛视而不见，固然轻松。但是，大声批评对方，一有什么事立刻推卸责任，当时倒是轻松了，但是会导致内心的纠葛加深。生存会变得越来越不愉快。

对内心的纠葛视而不见，跟酒精依赖症的人止不住喝酒是一回事。

不仅仅嗜酒、嗜毒、嗜赌的人属于依赖症，对内心的纠葛视而不见、喜欢批评别人的人，也同样是心理有问题的依赖症。

从内心的纠葛逃离到工作中去的人，被称为工作狂。出乎意料的是，也有很多人认识到自己有依赖症。

只是，什么都不做只会叹气，以一副居高临下的口吻批判别人的人，没有认识到自己跟嗜酒的人有同样的依赖症。这叫作现实逃避依赖症。

说"人生嘛，差不多就行了"的人，其实是在撒谎

最难以察觉的自我防卫，就是欺骗式的哲学思维。

以下是某位老人的手记：

以前走得近的朋友大多数早就走了，飞黄腾达的人也好，不走运的人也罢，这里一概不评论。到了这把年纪，有种看透了人生的感觉，活着不是人生的全部，死去也是人生的一部分，不从生的一面而是从死的一面去看人生，也能看到人生的真实面貌。

对这个人而言，所谓的"人生的真实面貌"，就是"这些事怎么样都无所谓"。

"这些事怎么样都无所谓"是一种"虚假领悟"的哲学。

"飞黄腾达的人也好，不走运的人也罢，这里一概不评论"，其实是这位老人内在虚无感的外化。即通过外在事物感受到自己内心的虚无感。

以前走得近的朋友大多数早就走了。如果真的关系很好，内心应该会想很多，比如"那个人其实胸怀大志，只可惜还未实现就英年早逝了，想必也是了无牵挂了""那个人

很拼命，却未得到应有的回报。难不成他那种拼命，是出于深深的自卑感？那家伙一定活得很苦，一直在硬撑吧""那个人死前说对自己的人生毫不后悔，果真厉害呀"，等等。

以自己原有的人生，感受每一个朋友的人生，一定会有许多诸如"从那个人身上，学会了要脚踏实地地过好人生""从那个人身上，我学到了不要忘记当下的幸福"以及"那个人死得悄无声息，因为他以前总是欺负弱小，从他的人生，我学到了不能忌妒别人"等囊括了正面和负面的值得学习的东西。

难道不应该缅怀每个人固有的人生，长久地悼念友人之死吗？

话说回来，说大家都早就走了，且"不做评论"，其实说明他没有一个真正的朋友。

此外，每天的生活，都在"这些事怎么样都无所谓"中，其实是对大多数事情都表现得无所谓。

这个人所说的"怎么样都行"，既不是指朋友的人生，也不是指每天的生活，而是这个人自己的内心。

这个人内心的虚无感，通过经历朋友之死而表现出来了而已。的确是卡伦·霍妮所说的"扩散的外化"。

人们具有把内心发生的心理过程，当作本人外部发生的事的倾向。

这个人内心深处感受到了无法忍受的空虚，通过朋友之死以及日常生活感受这种空虚。

通过这件事，才好不容易将自己与时代连接起来。

在对众多朋友人生的解读中，表现了自己的虚无感。尽管人生多种多样，但最终人生"怎么样都行"，通过这样的解读，来防卫自己人生的虚无感。

对人的救赎最关键的，是如实地感受内心的纠葛和虚无感，不欺骗自己。

内心的纠葛和虚无感，是每个人真实的感情。不防卫、如实地感受自己人生的虚无感这一点非常重要。

人通过如实地感受"我无法忍受这种虚无感"的虚无感，来取得进步。

人通过接受这种内心的纠葛和虚无感，来获得成长。

阻止自己感受这种内心的纠葛和虚无感，即所谓的防卫，会阻碍一个人的成长。

请留意自己身边是干劲十足的人，还是无精打采的人

当然，简单而言的自我防卫，也有从自我陶醉式自我防卫到神经症式自我防卫等许多种。

提到自我陶醉式的自我防卫，与万能感类似。

具体来讲，就是幼稚的青年拥有万能感，很难限定自己。满嘴跑火车，却不踏实工作。虚荣心强，日常生活不接地气，不像普通人那样勤勤恳恳地工作。最近，这样的现象相当多。

所谓自我防卫，是自己让本能冲动的要求符合现实条件的一项工作。

弗洛伊德认为，压抑是一种基本的逃跑尝试。可惜我们无法逃离自己。

基本的自我防卫，总是会演变为自我欺骗。这是弗洛伊德的神经症论的核心。

但是，不管怎样，对自我价值崩溃的防卫，会妨碍自我成长。

"基本的自我防卫，总是会演变为自我欺骗"，弗洛伊德的这一观点，与本书的主旨不谋而合。

自我防卫意识较强的人或孤立，或建立自己的小团体。

什么都看不起，觉得"那种事太无聊了"，一味守卫自

己的态度。

也就是说，在无意识领域中，自己认为自己没用。

饱受虚无感的折磨时，人们会通过读传记和虚构文学，去看获得某种成就以及犯下某种错误的人生。这会对自己产生某种认识。

此外，如果能多和心理健康的人接触的话，那就再好不过了。但是，自我防卫意识较强的人，讨厌跟心理健康的人打交道。因为完全没办法进行自我防卫。

在只知道抱怨和"缺乏朝气的人"中间，人会在无意识中越来越空虚。

但是，自我防卫意识较强的人，无论如何都要加入只知道抱怨和"缺乏朝气的人"的群体。

只要你能意识到"我正处于缺乏朝气的人中间"，春天就会悄悄到来。

追求整齐划一的"幸福蓝图"却痛苦不堪地活着

"苦难通往解放与救赎",这是阿德勒的原话。

第一章中已经讲过,提起"苦难",我们都认为是"坏事",并且我们从小就知道,这是"应该尽量避免的东西"。

这一点,从感情上可以理解。的确,任何人都想尽量避开苦难。

然而,那样则构不成人生。如果逃避了它,就无法获得幸福。

这是人生的事实,仔细观察的话,任何人都能懂。

只有正确理解、正确处理业已发生问题的"苦难",苦难才能实现成长与救赎,这是已经多次介绍过的"先哲们的教诲"。

从苦难中逃脱出来,会陷入更大的苦难。成长会变得愈发困难。这一点,读完本书应该就会理解。

无法区分现实之苦与心灵之苦的人,把苦难当作对自己的惩罚。

自己现在不幸福,明明是因为自己的心灵扭曲了,却把它解释为现实苦难,因此无法解决不幸福的问题。

在消费文化大肆蔓延的社会,形成了一个整齐划一的幸福蓝图。即进入大公司做一名精英职员、结婚并生育两个孩子、郊外有一套自建别墅等毫无新意的人生景象。

并且，我们把这些当作幸福，有了自己的家。玄关装饰得富丽堂皇，而居室却令人大倒胃口。由于背负着长期的住房贷款，我们对未来有些不安。

　　人们被消费文化随意摆布。内心完全被"这样就能幸福"的消费型社会整齐划一的蓝图所支配，觉得不这样做绝对不行。

　　有些人以为身穿名牌衣物、乘坐高级轿车就会幸福。

　　这全都是幻想。然而，在消费型社会中，视野短浅的人必须紧紧拥抱幻想才能活下去。

明明得到了"典型的幸福"，却不快乐

之所以紧抓住不放，是因为想逃避苦难，不想面对内心的纠葛。

真实情况是自己蔑视自己，所以才有必要让自己戴上荣誉的光环。因为不想面对蔑视自己的自己。

因为对毫无改变的自己失望，所以才执迷于外在的荣誉。

为了避免品尝自己对自己的否定感情，必须做戴着荣誉光环的自己。

为了避免内心深处对自我的真实感情，只能拘泥于把理想化的自我形象变成现实这件事。

因拼命为自己添置名牌、执着于在名企工作，家庭关系变得马马虎虎。这些人有可能无法与妻子和孩子愉快相处，然后患上筋疲力尽综合征。

消费型社会，除了教我们消费以外，不教任何获得幸福的方法。

即使结了婚，生了两个孩子，过上了消费型社会那整齐划一的理想蓝图中的生活，内心还是提不起精神。无意识领域中，感到现在的自己缺乏活着的活力。

过着理应幸福的生活，内心却不明所以地不满足。不仅仅是不满足，还非常懊恼。但是却不明白为什么懊恼。

卡伦·霍妮的著作中出现了这样一个女性形象：

她拥有足以获得幸福的一切。安全感、家、奉献型的丈夫，然而由于内在原因，没有任何东西能让她开心起来。

她知性、充满魅力，却不会爱。她的人生空虚且毫无意义可言。

卡伦·霍妮说，感到她的无聊之下有深深的绝望感。

我们认识到她内心充满了剥夺感、绝望感，这一点非常重要。

成功把自己放在消费型社会整齐划一的蓝图中的人，其实并不是神经症。在把自己放在消费型社会整齐划一的蓝图中失败的人，则充满绝望。

她被人生所提供的一切排斥了。

明明"她拥有足以获得幸福的一切"，为什么还会绝望呢？

这是因为她对人生抱有敌意。

前面写的是"她拥有足以获得幸福的一切"，准确来讲，是拥有一切消费型社会所说的"足以获得幸福的东西"。

消费型社会、消费文化给人一种错觉，即不经历成长和苦难也能获得幸福的错觉。

然而，消费型社会所给予的幸福只不过是幻想。

到底是因为外在环境有问题而不幸，还是因为自己内心有问题而不幸，很多人都搞错了。

　　他们是心灵被消费文化支配的一群人。

　　此外，很多人明明心理有问题，却把坚信不幸的原因归结于外在环境有问题，终其一生都不可能获得幸福。

因让心理轻松而失去的重要东西

谈到为什么会极力逃避苦难，这是因为与努力解决问题相比，感慨问题则心理上轻松得多。

解决问题，需要调动一个人的自发性和能动性。

但是，感慨问题，则不需要自发性和能动性。感叹比任何东西都更能满足退行欲求。

即使因为忌妒而导致了今天的不幸，然而却高举正义的大旗来指责对方。通过攻击对方，自己的退行欲求得到满足。

当时心理上很轻松，但老了以后会得到报应。

虽然痛苦，但如果能正确认识忌妒，老了以后也不至于饱受忧郁之苦，也许能免于患上抑郁症。

意识到自己在忌妒别人，绝不是一件愉快的事。

嘴上说得再怎么冠冕堂皇，承认"自己的所作所为纯粹出于敌意"也绝非易事。

把自己现在的忌妒合理化为"同情""关怀""爱情"等会比较轻松。

然而，用合理化来敷衍这种不愉快的情绪，以后将产生更深的不快感。

心理上轻松，梦想将消逝。

将负面情绪合理化的代价非常高，这个代价就是不幸。

总之，合理化就是不接受真实情况，是"敷衍自己"。继弗洛伊德以来，已经有无数先哲表达过这样的观点。

阿德勒所说的"苦难通往解放与救赎"也有相同的主旨。

总而言之，众多先哲们都呼吁"不要合理化"。

没有任何业绩，却认为"自己很了不起"的人的心理

还有一点，即前面提到的消费文化。

消费文化创造了"错误的欲求"。

它令人们把对生存有害且毫无必要的东西，当作"必不可少的东西"。

这种现象的问题其实非常严重。消费文化在到处散播"即使你无法忍受严格而痛苦的磨炼，一样能获得幸福"这一幻想。

任何一个人，在争取同一个东西时，面对不吃苦就能获得和不吃苦就得不到的选择时，都会选择前者。

然而，消费文化带来的幸福，与真正的幸福没有任何关系，反而截断了通往真正幸福的道路。

很多人都意识到了那种专门吸收心理病态的人的崇拜集团和政治过激集团的危险性。然而，关于消费文化的危险性，则未必有很多人意识到。

消费文化夺走了人们打开幸福之门的钥匙。本来，告诉人们"这里是锁眼"才是教育，现在却反了。

因此，高学历得抑郁症的人层出不穷。

这种不逃避对自己的负面情绪，正确接受它的做法很痛苦。直面自身的现实很痛苦。

然而这是真正意义上的人的成长和救赎。

消费型社会中，人很难采取正确的信息接收方法。

消费型社会常常准备着虚假的幸福，因为这很畅销。

像麻药那样，为人们治愈眼前痛苦的信息满天飞，这就是消费型社会。

消费型社会兼信息型社会中的人，一不小心就会迷失自我、迷失方向。

所谓正面面对自己，就是在后悔的时候，能够思考"我为什么如此后悔"的原因，并且从中发现自己。

负面信息是自己成长的机会。负面信息是向我们传达"成长机会到了"的信息，能够帮助我们理解自己是什么样的人，并在此基础上开始朝正确方向迈进。

不逃避、正面注视事物并努力解决。面对不快的心情，不敷衍了事。

没有人天生就完美。

长时间保持干脆利落的人，是心理方面获得了与年龄相符的成长的人。

拒绝了解自己的人，无论怎么做，都无法获得"真正的幸福"。

明明自己乘坐的是慢车，却以为自己是乘坐的新干线。自己想这样想，然而却不可能在所期待的时间里到达目的地。

自认为乘坐的是新干线，也期待、要求周围的人这样看待自己。

但是，每件事都无法按照期待中的样子进行。

即便如此，仍然坚持说"我乘坐的是新干线"。拘泥于乘坐新干线这件事，这就是神经症。

"明明走的是老铁路线，却说这是新干线"，固执己见。"固执"，是神经症式自尊心较强的人的内心表露。

明明什么成绩都没有，却固执地把自己放在"我很厉害"的位置上。

有些人被别人指出缺点后大怒，拒不承认，固执地坚持"现在的自己很好"这一态度。

无法建立起良好的人际关系，所以幸福不起来。

坦率的人即使被别人指出缺点也不生气。当然，任何人在被别人指出缺点时都不会高兴。任何人都会痛苦、不愉快。

但是，在追求真正幸福的过程中，我们必须战胜这种痛苦。所以，痛苦通向"有意义的人生"。

直面自己的痛苦，是开发自我潜力的一种力量。

所以，人生中苦恼越多，越丰富多彩、硕果累累。

正如前面所说，人类想要生存下去的唯一方法就是成长。抱着"不成长，则将到达地狱"的信念不断努力、不断超越自己。

所以如果人能成长、能建立起良好的人际关系，最终就会获得幸福。春天一定会来。

勇于承认自己被心上人甩了的事实的人，会成长起来

具有强烈神经症倾向的人，总是在关键时刻逃跑，陷入消费型社会的圈套，陷入虚假的幸福。

并且在正需要努力的地方逃跑，还不承认"自己逃跑了"这一事实。

消费型社会总是为人们准备好了逃避之处，总是为人们准备好了借口。

"固执"同时也是"不接受"。

固执等于现实否认。

被心上人甩了，于是说那个人不适合我，那个女人如何如何，不承认自己被甩。

被心上人甩了，有造成自我价值崩溃的危险。

但是，阿德勒和马斯洛都认为，冒着自我价值崩溃的风险，承认"自己被甩了"的做法，通往"成长与救赎"。

澳大利亚精神科医生伯朗·沃尔夫的观点如下：

不知道承认葡萄是甜的能够通往救赎，而坚持说葡萄是酸的，这就是神经症。

自己的基本欲求未得到满足，所以渴望别人的认可，并不是为全人类的幸福而努力贡献力量。

这时，是否承认"我是因欲求不满而努力"？

承认的话，就能建立起良好的人际关系，周围会聚集很多正直的人。

追求名声的人，是否承认"我其实是在追求爱"？

承认的话，努力就会有所回报。

有了名声，自会有人来吹捧。你是否也误以为要想得到爱，必须有一定的名声？

在这种错误思想主导下努力，再怎么努力都不可能建立起心气相通的人际关系。

真幸福与假幸福的其中一个区别，就是努力能否对心理有所滋养。

幸福有各种各样的定义，每个人会有不同的见解。

此外，估计大家都以为自己追求的是真正的幸福。然而，在消费文化中，把虚假的幸福当作真正的幸福并为之努力的人数不胜数。

在消费文化引人注目的时代，既有以苦难为名的真正幸福，也有以幸福为名的虚假幸福。

麻烦使人成长这句话的含义如下：

麻烦，是使人成熟起来的补药。

麻烦，是成长的标尺，比其他任何东西都更能赋予人生意义。

当然，如果逃避麻烦，麻烦就成了走向灭亡之路的催化剂。

逃避麻烦，当时会很轻松。但是从长远来看，等于选择了艰难的人生。

反之，面对麻烦，当时会很痛苦。

但是，可以思考一下"为什么会出现这样的麻烦""这个麻烦对自己有何启示"。

这样面对麻烦，麻烦就会成为打开幸福之门的钥匙。

面对麻烦，并解决麻烦，这件事很辛苦、很费力、消耗很大，会令人感到生无可恋。这一点毫无疑问。

但是，当你认为那个麻烦只不过是自己内心麻烦的外在表现时，麻烦就不难解决了。

就这样面对日常的琐碎麻烦并解决它们，尽管会很累，但人能够从中感受到活着的意义。

活着的意义并非一下子就能感受到。只有在积累了足够多日常细小的努力之后，才能渐渐开始感受到人生的意义。

凭借自己的意志挑战点什么，即使失败也能获得成长

埃里克森认为："为了确立个体同一性，青春期必须直面自我丧失的恐惧。"

青年时代，我们会经受各种考验。

每一次考验，都会品尝到自我丧失的恐惧。

入学考试等，是考验学习能力和个人实力的机会。恋爱也同样如此。有可能会失恋，有可能约了对方却惨遭拒绝。

但是，每一种自我丧失的恐惧，就像竹节一样，以此为契机继续向上生长。

担心自我价值的剥夺，那就只能把自己关在一方小小的天地中。参考某种考试如此，参加俱乐部活动也如此。失败的可能性一直存在，只有勇敢挑战才能获得成长。

不冒任何风险的人，最后只会走向施虐狂，也就是绝望。

卡伦·霍妮指出"施虐狂生长于绝望的土壤上"。

不冒自我价值丧失的风险，就无法挑战任何东西。没有挑战，就没有个体同一性的确立。

挑战，会有失败。挑战，会有价值丧失的不安和恐惧。但是，也有生存的意义，有活着的现实感。

不过，这里有一点不可忽略。

即坚决凭借"自己的意志"进行挑战。只有凭借自己的意志挑战了、失败了，才有助于实现个体同一性的确立。

有的人沿着精英路线快速奔跑，却因途中遇到挫折而自杀、患上抑郁症。之所以会这样，是因为他们不是凭借自己的意志挑战精英路线。

只要是服从父母的意志、希望得到父母的认可，而沿着父母指引的路线前进的，成败与否都无法实现个体同一性的确立。

表面看起来，在不停地挑战。从小学开始就不间断地挑战。然而，这是被强迫的挑战。与其说是挑战，倒不如说是服从。

不是凭借自己的意志直面自我价值丧失的风险，这不是走向个体同一性确立之路，而是走向自我异化之路。

走向个体同一性确立之路，与走向自我差异化之路，表面看起来都一样。

有人以自己的意志参加了政治家选举，并落选了。但是，这个人确确实实在走向个体同一性之路上迈步了。

有人为了不辜负父母和周围人的期待而参加政治家选举，并当选了。但是，这个人走的是走向自我异化之路。

正因为如此，这个世界上，既有未获得成功但心理平静的人，也有获得了成功但心理不平静的人。

"心理最为平静的人"的内心风景

有一棵柿子树，树上结满了令人垂涎欲滴的柿子。

自己没有爬上去的自信，但是又想吃那个柿子，于是等着路过的人来帮忙摘柿子。

但是，一直没有人走过来。

他又等着台风刮过来把柿子吹下来。

可是，台风也没来。

最后，腐烂的柿子落下来了。

下一年，再下一年，都是同样的经过。

他想要柿子，却最终也没有把柿子摘下来。

三十年间，柿子一直在他眼前。

于是开始找借口。

不过，也好。至少没有受伤。

没办法，没办法，没办法。

与其一直看着柿子，哪怕尝试去摘一次也行啊。

哪怕爬树的时候受了伤，但至少心里痛快了呀。

人类要想依靠自身的力量变得完美，必须向伊甸园挥手告别。

自古以来就有"创业艰难"这一说法。"成长之苦"就是其中一种。

成长之痛，则"关系到解放与救赎"。

成长，是人类的本性。违背本性就会生病，心理会不平静。

安全的选择，当时固然落得个心理轻松，但最终会走向绝望。对某些人而言，意味着将变成虐待狂。

虐待狂的老年生活会很悲惨。失去了欺负别人的能力，自己年轻时欺负过的人，很有可能会回来算账。

自我确立程度最高的人，也就是心理最平静的人，是在人生的最后阶段，仍然确信"自己的人生选择必然是这个，不可能是别的"的人。

社会性成功与失败，与心理的平静毫无关系。社会性评价与心理的平静也毫无关联。

尽管天气会有时晴有时雨，但确信"自己的人生选择必然是这个，不可能是别的"的人，一定是使出自己全身力量活着的人。

所谓人生赢家，是不会从人生战场上退出，也不会走歪门邪道的人；是从正面面对现实，拼尽全力活着的人。

心理平静的人，是在人生的战场上奋战到底的人，是从不把生存能量用在自我价值防卫等上面的人。

正如前面提到"追求千篇一律的幸福的人"那样，与时代文化同步的"幸福的人"，其实内心也非常悲惨。

不在意别人的评价，重要的是自己对自己的评价，即"自己已经尽了最大努力"的自我评价。

我年轻时曾在笔记本上抄过这样一首诗歌。大概是读古文书时深受感动记下来的：

秋夜的月亮，在高山上撒下一片清辉，它不在意看的人怎么看它，兀自散发着光芒。

相信"苦难通往成长与救赎"的好处

同容易害羞的人一样，害怕遭到拒绝的人，也很难确立个体同一性。

对被拒绝的恐惧，正是对自我价值丧失的恐惧。

因希望得到认可而撒谎，相当于逃避了为确立个体同一性而直面自我丧失的恐惧。

相信"苦难通往成长与救赎"的好处，首先是个体同一性的确立。只有这样，才能度过有意义的人生。

健康的孩子，会真心享受成长和进步的过程。

反之，心理不健康的人，会在退行欲求的影响下度过痛苦的人生。

相信"苦难通往成长与救赎"的第二个好处，是能够发现自己的内在价值。

卡伦·霍妮也表达了同样的宗旨：

越是直面自己内心的纠葛并想办法去解决，越容易获得内心的自由和力量。

尽管卡伦·霍妮和阿德勒表述不同，但表达了相同的内容。

比起直面内心的纠葛，批判别人要轻松得多。哀叹自己的命运要轻松得多。

这就是所谓的不知道"苦难通往解放与救赎",而"固执"当下。

内心有纠葛的人,外表看起来不像有任何负担。其实他们背负着沉重的负担,所以总是显得疲惫不堪。

由于内心的纠葛影响了内心自由与力量的获得,所以生存能力也跌入谷底。

很多人在希望获得幸福的愿望与退行欲求之间的纠葛中饱受折磨。

这是一群嘴上喊着"想要获得幸福",却整天阴沉着脸的人。

更严重的例子,是嘴上说着"我很幸福",其实内心一直备受消极情绪折磨的人。

有一个词叫"微笑抑郁症"。即为了隐藏自己内在的痛苦而强颜欢笑。

"微笑抑郁症"源自英语中的"smiling depression"一词,给人带来对此人内心世界的错误印象。

相信"苦难通往成长与救赎"的第三个好处,是在面对心理健康的努力与神经症式努力的选择时,选择心理健康的努力。只要能做到这一点,最后一定能获得幸福。

为了获得幸福而努力,最后却受挫的人,是误解了"幸福"概念的人。他们做了错误的努力。

在消费型社会中，"看起来幸福"与"实际幸福"截然不同。

消费型社会中，那些看上去很幸福的人，大多数情况下都是"虚假的幸福"。

消费型社会中，对于在心理成长道路上受挫的人而言，看起来很幸福，比实际幸福更重要。相对于获得实际幸福的愿望，看起来幸福的愿望更强烈。

这些人认为穿一身假名牌就幸福了。就好像明明没有自信，却认为自己很自信一样。

消费型社会的存在方式，会影响人类的心理。

朝着目标日夜兼程地努力，这些积累终将变成人的自信。

然而，一部分受消费型社会影响的人，误认为不是这个积累过程中的努力给了人们自信，而是结果给了人们自信。

于是，有人明明没有自信，却认为自己很有自信。它的象征就是"微笑抑郁症"一词。

其实没有自信，却笑得看起来很幸福，渐渐不再了解自己的真实感情。

于是，认为自己很幸福的人格外多，然而很多人焦躁不安、闷闷不乐，对未来缺乏安全感。

接受了不愿意接受的现实时，人就成长了

罗洛·梅的"意识领域的扩大"的说法，与"苦难通往成长与救赎"有相同的意义。

由于某一件事对自己而言难以接受，于是把它驱逐到无意识领域。这是不幸的开端。

弗洛伊德说："对自己保持正直，实在是人类能够做到的最佳劳作。"

说正直是最佳生存方式，意思是说虽然痛苦，却是最佳的生存方式。心理轻松的生活方式绝不是最佳生活方式。

任何人都不愿意接受否定自己价值的行为。

但是，当接受了不愿意接受的现实时，人就成长了。这么做很难熬、很痛苦。

西伯里也进一步表达了相同的主旨。

接纳经验，在每次问题发生时逐个去征服。这样一来，人生将变得越来越轻松。

反之，以本来就不足的忍耐来忍受出现的变故，麻烦将层出不穷。更好的途径，取决于让目的复活。

拼命努力最终却受挫的人，就是把目的弄错了。

有人认为只要获得社会性成功，人生中的诸多问题都将迎刃而解。但是，靠优越感来解决内心纠葛的人，将变得越

来越弱，心理会变得越来越不平静。

　　由于强大而追求力量的人是正常的，由于弱小而追求力量的人则是神经症。

《无名士兵的话》这首诗传达的接受现实的有用性

《无名士兵的话》，是挂在纽约大学墙上的一首作者不详的诗歌，据说原标题是《致失意的年轻人》。

是这样写的：

"当我祈求上帝赐予我力量以成就一番大事业，他却告诉我要学着谦逊，给了我弱小。"

"当我为了获得世人的赞赏追求成功时，他却给了我失败，让我不要得意忘形。"

于是我就获得了幸福。

"他虽然不曾给我任何想要的东西，却批准了我的全部的愿望……祝福我获得最大程度的丰富。"

总而言之，获得幸福之类在道理上很简单，即接受自身的现实。

可是，连这么简单的事都做不到。

这叫自卑感。

即使"祈求上帝赐予我力量以成就一番大事业"，并拿到了一切想要的东西，他也没有获得幸福。

要想获得幸福，他必须改变自己。而且，为了改变自己，必须"被赐予弱小"。

只有被赐予了弱小，他才能学会谦逊。

记得曾在哪里读过这样一句格言，"成功导出人性中的恶，失败导出人性中的善"。

我认为，既有这样的情况，也有相反的情况。

失败极有可能引出一个人善的一面，也有可能引出一个人恶的一面。

问题不在于成功或失败这一体验本身，而在于以什么样的态度对待自己的现实。正是弗兰克尔所提出的态度价值。

漫漫人生路上，既会有成功，也会有失败；既会有幸运，也会有不幸运。理所当然，既有高峰，又有低谷，才叫人生。

能否获得幸福，关键不在成功或失败，而在于一个人的人格。

《无名士兵的话》表达的思想与我们已经接触到的众多先哲的教诲有相同的意义。

失败了、生病了、变穷了，你不能什么都不做，坐等被祝福。

失败了很痛苦，只要不否认这个现实，最后终将获得祝福。

正因为正视失败，经历了苦恼，最终才会获得祝福。

坦率地接受失败、接受不幸，才能实现救赎。

"为了获得世人的赞赏而追求成功"这一动机本身就有问题。在这一动机下成功了，也会变得傲慢而遭到众人嫌弃。

这个人简直是因"赐予他失败，让他不要得意忘形"而得救了。

"为了得到世人的赞赏而追求成功"的人，从小就尝尽了难以忍受的屈辱感。这种人的成功可以说是报复性成功。

这个"无名士兵"并非不做任何努力，就"被祝福获得最大程度的丰富"。

这个"无名士兵"战胜了病痛和失败之苦，并且最终获得了幸福，这是只有战胜了种种困难的人才能感受到的幸福。

连这个"无名士兵"也做到了舍弃自己的人生，认为"由于自己生病了，什么都做不好"的人生。

吃了很多苦的阿德勒所掌握的智慧

为了解决内心的纠葛而把别人卷进来的人，会变得越来越弱。

比如，"亲子角色倒置"的父母。所谓"亲子角色倒置"，指的是父母向孩子撒娇。本来是孩子向父母撒娇，比如孩子希望独占父母。在"亲子角色倒置"的情况下，父母希望独占孩子，不希望看到孩子在外交了新朋友，不希望看到孩子拥有一个将父母排除在外的单独世界。

人类的"强"与"弱"是什么？这里先简单说明一下。

"强"指的是人格的统合性。

"弱"指的是内心的纠葛，是意识和无意识之间的乖离。

通过承认自己内心存在纠葛，人格的统合性会增强。于是真正的能力会涌现出来。

人格的统一性越强，情绪越不容易陷入被动。

陷入被动，是怎么一回事？

努力做到对某件事不在意，却无论如何都做不到。

努力放下与别人的纠纷，却无论如何也放不下。

心里想着放下，却无论如何都"没办法放下"，这就是强迫性。

更简单地讲，好比吃饭的时候无论如何都做不到只吃八分饱，不吃饱坚决不行。尽管非常想这么做，但是无论如何都做不到。这就是强迫性。

我想到一些人，他们把这一现象理解为"自己尚未确立人格的统一性"。

树木如果根扎得不牢固，一遇大风会立刻倒掉。

与年龄相符的人格统一性，用树打个比方，就是扎根于大地的牢固程度。对树而言的台风，对人而言相当于人际关系上的麻烦。

人格的统一，是相信"苦难通往成长与救赎"这句话的第四个好处。

具体含义如下：

吃的苦越苦，越容易从人生的麻烦中解脱出来。

吃的苦越多，人生的麻烦会越少。

阿德勒小时候，由于无法走路，在和同伴的交往中吃了不少苦。由于是犹太人而受到种族歧视，并且他本身也体弱多病，在贫苦的求学生涯中，阿德勒吃了不计其数的苦。

正是这些吃过的苦，在他后来战胜人生的考验时发挥了巨大作用。

吃过苦的人更有同情心。

吃过苦的人更擅长处理人际关系。

有人把人生的重负看作有益事物，有人把人生的重负看作有害事物。阿德勒认为，没有社会情感，无法解决人生中的种种问题，其中的含义想必是没有社会情感，不可能把人生的重负看作有益事物。

　　在英语著作中，阿德勒把它称为社会情感，在德语中则把它称为共同体情感。总而言之，一个人若不与他人打交道，则不可能实现健全的成长。

　　取得了令人惊异的巨大成功，却选择了自杀的德摩斯梯尼，与坚持活到最后一刻的阿德勒，这两者的区别恐怕就在这里。

　　"他知道怎么做可以获得同伴的信赖、怎么做会被同伴讨厌等"，阿德勒在人生道路上发展了集体意识。

　　努力在公司内出人头地、想当上社长的生存方式，是错误的生存方式，也是错误的目标。

　　以同伴意识和一起工作的同事相处，即所谓的拥有所属意识。也就是说，从自卑感中解放出来。

　　有的人当上社长也依然苦恼于深深的自卑感，而有的人没有走上精英路线也没有自卑感。问题在于有没有同伴意识。

不要成为得不到别人的赞赏就不满足的人

有神经症的人，为了得到别人的赞赏而努力。努力的方式不正确，努力的方向也不正确。目标与目的都不正确。

由于目标错误，努力只会造成迷失方向。

喜欢硬撑的人的努力，往往没有任何意义。

他们就像在行驶的电车中反向一样。

即使本人有意加快奔跑的速度，但因为外部的原因，他们的努力毫无意义。

即使本人觉得自己很了不起，周围的人也只会把他当成傻瓜。

当具有强烈神经症倾向的人被告知"富士山就在那里哟"，于是，具有强烈神经症倾向的人就会加足马力朝富士山走去。

他为了得到沿途的喝彩而疾走，为了不被人耻笑而拼尽全力。

然而，他累倒了。

于是人们开始说："那个人，不太能走啊！"

为了在他人面前炫耀，造了一所大房子。

人们争相称赞："哇，好气派的房子！"

可惜房子里面没有属于自己的位置。

这个人"竹篮打水一场空"。

这是幸福的幻想，所以会有虚无感。

觉得不满足，打算造一所更大的房子，却由于过分勉强而得了抑郁症。

他为了得到众人的称赞，而做了违背自己内心意愿的事，最后得了抑郁症。

人们都说他是因为过于拼命才得了抑郁症。

其实，他之所以得了抑郁症，是因为造了一所超出自己能力的房子。

他不是在努力，而是在逃避。

他没有重新改造这个得不到别人的认可就无法存在的自己。

"断念"力量，拯救你的人生

相信"苦难通往成长与救赎"这句话的第五个好处，是在苦难中找到前进的方向。

不逃避苦难，你会开始了解自己，发现自己在沟通能力上的欠缺。

简而言之，在苦难中，能够实现自我觉察（self-awareness）。

知道自己内心深处想要的是什么。

发现对自己而言，虚假幸福和真实幸福的区别是什么。

为了度过苦难，应致力于开发自己的潜在能力。

无论在什么情况下，最重要的都是追随成长欲求，这一点永远不会变。

马斯洛说，完成自我实现的人，只有少数几个亲近的人。

阿德勒、弗洛姆以及莱希曼都强调了这一点，即人要想心理正常，必须拥有对社会的关心和亲密的伙伴。

想得到认可而撒谎或迈上不幸的道路之后，就不难理解忍受不被认可的痛苦的含义，是"苦难通往成长与救赎"。

父母不认可"真实的自己"。想要得到父母的认可，但有时候，父母本来就不是会认可别人的人。比如，神经症患者就从不认可别人。

最悲惨的努力，莫过于让不会认可别人的人认可自己的努力。

所谓"苦难通往成长与救赎"，就是在这样的情况下，勇敢接受"自己的父母是不懂得如何去爱的人"这一命运。

这叫作断念。

通过这种断念之苦，人才能成长、感知人生的意义，直至救赎心灵。

逆境中坚强的人是乐观主义者，是选择了成长欲求的人，是能够做到断念的人。

悲观主义的人，往往表现出退行欲求。由于逃避了苦难，所以没有断念的机会。

可以说，会变成神经症的人，是搞错了自我防卫。

防卫之苦无法实现救赎。

比如，为了复仇的报复性胜利，是防卫错误的一个例子。他们无法活到最后。

用优越感打败了自卑感的痛苦，这也是错误的一个例子。

人生挫折的根源，就在于这种错误的态度。弗兰克尔如是说。

任何疾病都有它的"意义"，疾病的真实意义在于令你苦恼。

关于对人类而言，苦恼也别有一番意义这一弗兰克尔的观点，与阿德勒等的主旨基本相同。

当有痛苦的事发生时，思考一下"这种痛苦有什么意义，带给自己什么启示"。

没吃过苦未必意味着幸福。内心没有痛苦未必意味着幸福。

将视野从狭窄价值观转向广阔价值观

人主动扩展自己的视野会很痛苦。但是这种扩展视野的痛苦，能够帮助实现"成长、人生的意义和心灵的救赎"。

所谓神经症，就是拒绝扩展视野。

弗兰克尔提到，"将患者的价值视野打开，通过它去引导患者意识到意义和价值可能性的充实度，即价值的全光谱，是意义中心疗法的一个课题"。

狐狸说"那个葡萄很酸"。

如果诚实地承认葡萄很甜，恐怕别人就会想吃。这就是通过接受现实扩展视野。

狐狸说"那个葡萄很酸"，是"固执"于现在的态度。逃避真正的苦难，将会越来越痛苦。

神经症患者是能做到的事情不去做，偏要去做自己做不到的事情。

对神经症患者而言，"能做到的事"指的是从社会、生理的角度看能做到，但是从心理角度来看则做不到的事。

"做不到的事"指的是从社会、生理的角度看做不到，但是从心理角度上想做的事。

总而言之，神经症患者追求的不是自我实现，而是优越感。在这种意识下，自己会把自己搞得越来越痛苦。

从情感缺失的角度上来说，拥有深深自卑感的人和强烈优越感的人，内心深处追求的东西几乎是一样的。

深受自卑感的折磨，转而追求优越感，这种意志是没有爱的意志，无法通往救赎与成长。"爱与意志相互依存"是罗洛·梅提出的观点。

没有爱的意志"变成了简单的操作"。

没有爱的意志是防卫式态度，所以这其中的苦难无法通往成长与救赎，反而只会让抑郁症倾向越来越强烈。

防卫的态度，不过是逃避现实的态度。用防卫式态度对待苦难，有时难免会走向抑郁症和自杀。

一旦采用不接受现实的防卫式态度，无论吃了多少苦，这种苦难都无法实现成长与救赎。

防卫式态度的苦难，并非与现实作战并因此受苦，而是为了保护自我价值，从现实中逃离了的结果。

苦难之所以通往成长与救赎，是因为这种苦难没有逃避现实。这恐怕就是弗兰克尔所说的"苦恼能力"。

自己出生于恶劣的人类环境。结果，由于缺乏归属感，饱受深深的自卑感的折磨。

这时，我们不应该憎恨自己所处的现实中的恶劣环境，而是应该接受自己的命运，勇敢面对环境带给自己的基本不安，并品尝孤独之苦。

这种苦难通往成长和人生意义乃至救赎。

如果没有接受现实，而是逃避了这种苦难会怎么样呢？于是，人们会通过追求优越感来打败自己的不安，并为此拼尽全力。这是防卫式态度。

在这种态度下，无论怎么努力，都无法从自身的弱点中解放出来。无论成功还是失败，都会加深这种自卑感的痛苦。

正如弗兰克尔所说，"成功与失败""绝望与充足"，属于两个截然不同的次元。

认为"与其接受现实，倒不如一死了之"的人与世界为敌

人生，因一个人对愤怒和孤独的处理方式而不同。

苦恼的人，无法接受自己心中的愤怒和孤独。

因为无法接受，这些人在现实中受制于愤怒和孤独，于是更加努力，即"固执"。可是，再怎么努力，事态只会逐渐恶化。

只要一个人内心有愤怒和憎恨，无论多么努力，他都不可能在人际关系方面如鱼得水。尤其处理不好与身边的人的人际关系。

具有强烈自卑感的人，心底有怒气。这是一种隐藏起来的怒气，隐藏起来的憎恨。

具有强烈自卑感的人，大多数都不承认自己内心的愤怒和憎恨。

之所以处理不好与身边的人之间的人际关系，是因为不承认自己无意识带有的愤怒和憎恨。

因为承认这一点，比任何事都痛苦。

面对真实的自己最为痛苦。所以，有时候人会说"与其接受现实，倒不如一死了之"，因而走上了不归路。

人有无论如何都不愿意承认的东西。承认它比任何事都

痛苦。但是，承认它，可以实现解放与救赎，实现成长和人格的统一。

不承认，则有可能变成神经症。

不承认，则不可能幸福。

"如果那样，那我就不幸福好了"，这么说的人是神经症。

恐怕最痛苦的事，莫过于直面自己这件事了。因为这意味着直面真实。

乔治·温伯格认为，由于真实过于恐怖而逃离真实来保护自己，叫作压抑。

压抑，指要承认的现实过于痛苦，于是把它从自己的意识驱逐到无意识中。

停止这种压抑，苦难才能通往解放与救赎。

"枯竭的人善于隐藏弱点"，弗罗伊登博格如是说。

"人很难接受自己的弱点"，这个观点从小就被编入了这个人的内心，仿佛这种弱点有多么严重一样。

对自己的弱点过分放大的人，弄错了生存方向。

枯竭的人，往往表现出"情绪不稳定、诋毁他人、易怒、顽固、听不进别人的忠告"。

由于搞错了生存方向，无论遭受多大的痛苦，这种苦难也无法实现解放与救赎。

让我承认自己的弱点，还不如一死了之呢。有这样想法的人，与周围的世界为敌。

然而，接受自身弱点的痛苦，"可以通往成长与救赎"。

受兴趣和关心驱动的人，则不那么拘泥于弱点。

长期观察苦恼的人说话，你会发现，他们压根没有"我要这么做"之类的意思。

试图通过追求名声来解决内心纠葛，只会以失败告终

苦恼的人，饱受情感缺失之苦。他们往往对人有仇恨。

《追求名声的人都在寻爱》这首诗，曾被乔治·温伯格引用在他的著作中。

固执于追求名声，是神经症的一种。

名声，是对情感需求的补偿式满足，所以无论取得多大的名声，都不可能获得真正的满足。

对于强迫性地追求名声的人，意识到自己有情感缺失这一点至关重要。

自己成长在一个缺爱的人类环境，要接受"自己的父母就是这样的父母"这一命运。做到这一点，通过对"希望被爱的需求"做到断念，苦难即可通往成长与救赎。

总之，self-awareness （了解自己、自我觉醒、情感的自我认识）很重要。

通过 self-awareness，增强理解对方的能力。

追求名声，苦难无法通往成长与救赎。相反，还会陷入强迫式的名声追求。

借用阿德勒的说法，这是 inefficient attempt（无效的努力、没有效果的努力）。

靠追求名声来解决内心纠葛的尝试，终将以失败告终。

这样的人，内心不具备幸福能力，明明不幸，却把现实之苦看作不幸，混淆了现实之苦与心灵之苦。

现实之苦需要的是现实的对应。心灵之苦需要的则是心灵的修复。

两者各不相同，对应方式也各不相同。

比如，无法克服俄狄浦斯情结的孩子，总是努力讨好父母。

这个人不幸的原因是"因为有俄狄浦斯情结"。

尽管如此，他还是通过取得社会性成功来追求幸福。可是，无法获得补偿满足的成功。于是，他把这一失败归结为不幸的原因。

这些失败，只不过是内心已有的不幸的导火索而已。如果无意识中存在严重的问题，就会把这些细微的失败放大。

这些失败并不是很严重的问题，而是内心业已存在的问题比较严重。

比如，意识和无意识之间的乖离很严重。

容易害羞的人之所以害怕失败，是因为失败会给他的内心带来沉重的打击。问题不在于所害怕的失败本身。因为容易害羞的人本来就有很严重的心理问题，所以才害怕失败。

害怕接受考验的人也一样。因为失败会造成自我价值被剥夺，所以考验自己能力的机会才会显得恐怖。自我价值稳定的人，从不害怕接受考验。

比如，意识中对自我形象夸大，无意识中则有严重的自我蔑视。这样的人就害怕接受考验。

这时，尽管很痛苦，正面面对自己"为什么自己会害怕"，则会产生"苦难通往成长与救赎"的结果。

这种内在要因的发现，将打造出拥有更新洞察力的灵魂。

"更新的洞察力"，是内心的能力。

幸福从来不会大步行走。

幸福，是"这些细微事情"一点一滴的积累。

所谓"实现人类的最高价值"

对苦难的处理方式错误的话，人会不停地强化自己的不适感。

有些人之所以年龄越长活得越辛苦，就是这个原因。

例如，有人饱受强迫性的折磨，忍不住做某事。

强迫性的任务，是"阻碍意识，弱化痛苦"。

如果说长期做一件事，这件事常常在无意识的状态下就做完了，那就是变成了强迫性。

出于个子矮的自卑感，而踩了高跷。这就是从自卑感向优越感转变。

伯朗·沃尔夫围绕自卑感举出了踩高跷的例子，如果一踩上高跷，就可以免受个子矮这一自卑感的折磨，那么就必须一直踩着高跷，不踩浑身不舒服。这就是强迫性。

因自卑感而踩高跷，那么踩高跷的痛苦则无法通向解放与救赎。

当人变得固执时，一定是压抑了某种重要的情感。

正如乔治·温伯格所说，压抑是柔软性的大敌。

相反，"健康的孩子，能在自由的选择中选择有利于自我成长的东西"。

即使一直成活在优越的环境中，"选择对成长有利的东西"也依然伴有一定的困难。

尽管如此，还是有人虽然从小没有经历过真正的爱，却做到了"选择对成长有利的东西"。这是真正拥有勇气的人。这一选择，是人类最高价值的实现。

"儿童时期的满足感对健康的成年人的性格形成有益，这一点很清楚。"

世界上，有人实现了人类的最高价值，却对此毫无察觉。

这是生活在优越环境中，并完成了自我实现的人。

我们认为人类都一样。然而，这里有着决定性的差异。

每一个人都不同，从观察他们的内心即可发现。

观察人的内心，既有蚂蚁，也有大象。

蚂蚁所能搬的重物，与大象所能搬的重物，不可同日而语。

狮子的战斗能力与兔子的战斗能力不一样。

蚯蚓与蟒蛇也不一样。

在爱中长大的人的内心，与在虐待中长大的人的内心截然不同。

总之，还债的时候，是为人生打地基的时候。

还债的时候，是最痛苦的时候。

现在人际关系的痛苦，由过去人际关系中未解决的问题引起。

正如伯朗·沃尔夫所说，痛苦不是昨天发生的事。

自杀者的真心话

抑郁症患者只会逐渐恶化，除非他们能找到新的能力出口。

神经症是自动永久存续的。

之所以说是自动永久存续的，是因为如果置之不理，神经症倾向至死都不可能消失。

实际上，马斯洛认为"与性格构造相同"。

如果的确如此，那么神经症患者则必须思考一下"为什么跟自己一样的人过着快乐的生活，而自己却活得这么痛苦呢？"这个问题。

要思考："快乐生活的人和自己到底哪里不一样？""跟其他人相比，自己有什么遗留未决的问题呢？"

"封闭了自己"不幸的原点，在于内心的纠葛与不安。

要想解放这个"封闭的自己"，则必须纠正错误的价值观，且与本性恶劣的人斩断一切关系。

为什么会这样？

因为自己封闭了起来，然后变成了无趣的人。

罗洛·梅说：

克尔凯郭尔所说的"善"，指的是被封闭起来的人，站在自由的基础上，向自我重构发起挑战。

　　按照我的理解解释这句话，则是"善指的是吃苦"。

　　自己把自己封闭起来属于现实逃避，疏于提升自己，疏于自我实现，疏于自我确立。

通过做自己能做到的事，人会越来越强大

自己的内在力，产生于感到"这才是我"的体验。通过做自己能做到的事，人会越来越强大。

"强大的人"，指的是拥有内在力的人。

"自己的内在力"，指的是个体的独自性，疑似成长的人基本没有。无意识世界越扩张，越没有"自己的内在力"。

没有幸福能力，于是变得不幸。

如果人类不致力于实现人类的潜力，人会因此萎缩、生病。

换个角度来看，自己的内在力，没有卡伦·霍妮所说的蔑视自己的四个心理现象。

蔑视自己的四个心理现象包括：

强迫性地拿自己和他人做比较；

自己伤害自己；

允许虐待；

强迫性地追求名声。

总而言之，"自己的内在力"没有自我蔑视。

"自己的内在力"，产生于接受自己和实现自己的
潜力。

逃避现实，等于死亡

"做自己"指的是做真正的自己，而不是"疑似的自己"。

也就是说：

1. 自我肯定意识较强。

2. 成长欲求强烈。

自己不是自己，而是"疑似自己"的话，则是实际存在的欲求不满，生存得无意义感。

神经症患者害怕自我价值的剥夺而逃避现实。

害怕考试不过而不参加考试。

但是，如果硬要让人们在"参加考试和死"之间选出一个，肯定会选择参加考试。

想当政治家却害怕落选，所以不参加候选。

但是如果硬要在生与死之间选择一个，肯定会选参加候选。

一想到不参加候选就会被杀掉，立即参加候选。

其实，逃避现实，等于死亡。

担心自我价值的剥夺而逃避现实的后果，是发生的最恐怖的事情，即丧失自己的内在力。

即使获得了社会性成功，也就是弗兰克尔所说的"成功与绝望"的成功。即使成功了，内心依然绝望。

人生意义的产生，是通过解决心理课题，而不是通过成功。

本来，人生既非自带意义，也不是毫无意义。

如何活着，决定了人生是有意义，还是无意义。

据说，个人的自我力的发展，始于巧妙邂逅不安创造的体验。

吃的苦越多，心理越成熟，理解力越高。

令我变强大的，不是人生中的胜利，而是失败。

马斯洛也认为"自罚催生神经症"。

神经症患者往往自己蔑视自己。不是惩罚别人，而是自己惩罚自己。

自己内心深处知道，自己在做错误的事，于是自己轻蔑自己。因此丧失自己的内在力。

出于种种原因，诸如希望得到某个人的好评、害怕被嫌弃、不敢违抗权威等，于是把喜欢的事说成讨厌，把讨厌的事说成喜欢。

其实，自己的内心深处，很清楚自己的行为和态度。

自己之所以蔑视自己，是选择了让心理轻松的结果。

"无意识中清楚自己在做的事情是不对的，这种蔑视自己的心情导致神经症的产生。"

害怕被嫌弃，所以明明心里反对，嘴上却说赞成；明明很尊敬，却说轻蔑。

结果，人生失去了感动。

自己内心深处清楚自己做了错误的事。

于是，轻蔑自己。

如果基本欲求得不到满足，则会为了得到别人的关注而背叛自己。

由于依赖心理过强，感觉得到别人的关注就幸福了。

努力得到了别人的关注，却很不安。

人为什么会服从呢？

因为安全、被保护。

因为服从之后，我就不再是一个人。

对自己应该直面的真正问题视而不见，事态会进一步恶化

马斯洛认为，"成长与发展，产生于苦恼与纠葛"。

马斯洛的观点非常正确：

成长与自我充足，到底能不能脱离苦恼与悲哀、不幸和混乱而达成呢？

阿德勒所说的"苦难通往解放与救赎"，其实也表达了对人类生存方式的基本态度。

嗜酒的人，在喝酒的刹那很轻松，结果却带来更大的痛苦。

草率地解决会导致事态恶化，本质上依赖症并未得到任何解决。

有依赖症的人，对直面自己这一真正的问题视而不见，却一心寻找是什么阻碍了自己意识到真正的问题。这只会导致苦难在将来愈发残酷。

总之，软弱的人会寻找是什么阻碍了真正的问题。

有人把自身夫妻关系的不和，转驾到儿子儿媳的不和中。事实是自身的夫妻关系陷入僵局，可是自己却不愿

面对。

于是，说"儿子儿媳关系不好，是我现在的烦恼"。

将注意力放在儿子儿媳关系不好，相当于从意识中将自身的夫妻关系陷入僵局这一真正问题排除在外了。

或者，明明是为自己感到不安，担心自己老了以后的问题，却说"担心孙子"。

只有直视令自己陷入不安的问题，苦难才会找到解决的出口。

这么说的含义就是苦难通往成长与救赎。

否认现实会导致事态恶化。直视现实的痛苦才能通往成长与救赎。

将真正的问题从意识中排除出去，只会导致苦难在将来愈发残酷。

幸福始于对"不幸是心灵之苦"的理解

罗洛·梅所说的对不安的消极回避，包括以下四种：

看似解决其实什么都没解决，即疑似解决。

1. "Rationalize it."合理化。憎恨披着正义的面具登场。

2. "Deny it."否认。比如数次提到过的酸葡萄。

3. "Narcotize it."自我麻痹。依赖症也多次展开。

4. "Evasion of reality."逃避。有一个说法叫退却抑郁症，从不安的现实中退却。

比如，担心去参加派对却没有人邀请自己，而说"我讨厌派对"的女性。这些都是罗洛·梅所说的对不安的消极回避。

这里我想围绕"Deny it"展开一下。

现实否认是逃离现实的方法。

与其接受现实，倒不如一死了之，是"苦难通往成长与救赎"的对立面，与伯朗·沃尔夫所说的"幸福和不幸都以复利增长"这句话有相同的含义。直面现实这件事，尽管很痛苦，却能够通向幸福。

这与弗洛伊德"正直是最佳生存方式"的观点也相同。压抑暂时能把人解脱出来，但最终会带来不幸。

正如乔治·温伯格所说，所谓压抑，是在真实中的自我保护。由于真实过于残酷，为了保护自己不受到伤害，人会压抑自己。也就是说，将过于残酷的真实从意识中驱逐到无意识中。

"压抑自己"，说明在这个阶段，心理上残留有未解决的问题。

既然人类背负着无力和依赖的宿命来到这个世界，只有不逃避苦难，才能为自己带来幸福。

很多人不会区分现实之苦与心灵之苦，所以把苦难当作自我惩罚。

这一点非常关键，也数次强调过，不幸明明是心灵之苦，有的人却把它误认为现实之苦，所以苦难才得不到解决。

从生理的角度来解释就容易理解了。

严重感冒发烧，难受不已。体温高达三十九度，做什么都很难受。

难受的原因，既不是公司的上司，也不是抛弃自己的恋人、背叛自己的朋友和工资太低。现在难受的原因是感冒。

心灵上的疾病也同样。无论外界如何，一旦心理患病了，就会觉得活着很痛苦。

为了打造幸福人生而设置了"苦难"

承认不幸是因为"自己心理上有很多未解决的问题"的人，会引导自己从人生的考验中解放出来。

伯朗·沃尔夫说，"神经症患者拼命逃避的苦难会带来更多的苦难"。

一旦追随了退行愿望，固然当时心里很轻松，但结果会比现在更痛苦。

不幸的人，总是当场掩饰自己。

总之，苦难会抑制退行愿望而追随成长愿望。苦难是成长的机会，通过它才能逐渐从退行愿望中解放出来。

要想"扩大意识领域"，则需要多思考"为什么"。

这个"为什么"将开启幸福之门。

自古以来就有"苦难能排掉潜藏在心里的毒"的说法，还有"苦难能去除精神上的污垢"的说法。

苦难教会人们谦虚，并为人们指引通往幸福的道路。

自己现在的痛苦，是迄今为止心理上未解决的问题堆积的结果。

也就是说，关键在于能否接受现在的痛苦正是解决心理上未解决问题的机会。

之前曾有过心理成长的机会，却错失了这个机会。今后一定要抓住这样的机会。

能够这样解释，才能实现"苦难通往救赎"。

神经症患者，为了逃避苦难而努力。

虽然很努力，却从未思考过"自己为什么会活得如此痛苦"。

思考"自己为什么会活得如此痛苦"，就是不逃避苦难。

正如前面所说，人们会在痛苦的过程中发现生存的道路。

每天焦躁不安，思考一下"为什么"，就能发现自己。

思考"为什么"，自己会意识到自我执着的强度，意识到自己的自恋、意识沟通能力的欠缺。

接受这些很痛苦。

然而，这些痛苦，意味着"苦难通往解放与救赎"。

苦难是 self-awareness。

self-awareness 的结果，是自我执着消失了，从前需要付出艰辛努力的事情也能自然而然地完成了。与他人的沟通也自然而然地顺畅了。

一直得不到救赎的人，明明是由于自己内心缺乏幸福能力而不幸的，却误认为是现实之苦导致了不幸。

曾读到过"幸福能力那么强"这句话，这是在说一个所有外在条件都满足，却不幸福的女性。

这与弗兰克尔所说的"即使所有困难都排除了，对预防神经症也没有任何意义"有相同的含义。

后　记

人类生存方式的基本态度

痛苦时，自己心里乱糟糟的。

这时，应该思考一下为什么痛苦，为什么心里乱糟糟。

背负着"矛盾与不稳定的宿命"而存在的人类，应该如何活着，是本书围绕的主题。

众所周知，人类的存在是矛盾的。

欲求与规范、本能与理性、存在与理想、个体利益与整体利益、善与恶、神性与兽性等，这些人性的双重构造，任何人都不难理解。

此外，不仅仅是矛盾，人类这一存在的不稳定性也是一个棘手的问题。

鼹鼠安稳地生活在鼹鼠的世界中，绝对不会迷失自己。只有人类，才会违背自己，过着失去自我的生活。

只有人类不植根于自己的生活。

希望被别人认可、被别人喜欢，不希望被别人拒绝、被别人嫌弃，为了逃避被孤立等而迷失自我。

作为矛盾和不稳定的存在的人类，又背负着无力与依赖的宿命来到这个世界。既然如此，则只有"不逃避苦难"才能带来幸福。

先哲们所说的"苦难通往成长与救赎"，阐明了人类生存方式的基本态度。

完成一件件小事，比做大事更重要

如果有自卑感的话，会采取什么样的生存方式呢？

整体而言，是以欠缺勇气来肯定人生为特征的生存方式。

生而为人，苦难无法避免。

如今，因感到人生乏味而痛苦不堪的人中，不具备生而为人的觉悟的人太多了。

本书中也提到，有人出于自卑感拼了命地逃向优越感。

这种心理，是强迫性的名声追求。

他们通过追求优越感来治愈自卑感，而不是通过面对自卑感，即所谓的"逃离苦难"。

并且，这种在追求强迫性名声的过程中产生的心理，属于阿德勒所说的否定性人格中的"异常敏感性"和

"焦虑"。

对他们而言，强迫性的名声追求，是自己人生问题的统一解决方式，不应对每一个具体问题。只要有了名声，就能一次性解决所有问题。

日常活动中有很多烦心事、麻烦事、辛苦事。日常生活是这些日常活动的积累。

当然，任何工作都有很多烦心事、麻烦事、辛苦事。

为了逃避这些日常的具体烦心事，于是强迫性地追求名声。

神经症倾向较强的人，会回避这些日常活动带来的不安和苦难，强烈希望可以一举解决。

所谓统一解决，就是把现在的种种心理问题，全部一口气解决掉的"魔法杖"。

然而，人生没有魔法杖。

真正的荣誉，只能靠自己多年来的生存方式打造。

如果靠投机取巧获得了成功，也不会产生荣誉。

无论多么微不足道的事都可以。

从认认真真地完成一件事开始吧！

从此，你就会拥有"至少这件事我能完成"的自信。

无论多么小的一件事，只要是自己完成的，就能增加自信。

人的自信，不是来自做一番惊天动地的大事。

总是深陷苦恼的人，认为人只有登上高山才能产生自信。

因此，艰辛总是先于他们找到自信之前到来。

其实，登上小山坡时的成就感，会成为自信的萌芽。

爬山时品味到的满足感，会成为自信的萌芽。

如果没有乐趣，自信无法产生。

首先是健康，然后行动。

拥有一颗即使成功一次也满足的心，于是，下一步行动所需的能量就产生了。并且，不再"想要那个，想买这个"。

马克思也提倡"享受当下"

然而，缺乏解决意志的不安的人，通过合理化、否认、逃避等各种各样的形式，来解决各种场合的不安。

小时候受到严重伤害、出于报复心而追求强迫性名声的人，感受不到生存的意义。因为这种心态改变了这种人的整体人格。

人与人之间人格不同、喜好不同，对于过上什么样的人生的愿望也不同，就连如何度过眼下的时间的想法都不同。

人的评价也各不相同。

理想的生活方式也不同。

强迫性的名声追求，会阻碍幸福停留在内心的过程。他们追求的是荣耀，而不是心灵的满足。

外在的走向自我荣耀化的道路，会成为内心走向自我蔑视的道路。

当心灵受伤时，应该把每一个具体的问题一一排解掉，这种体验能带给你母亲般的力量。

有人扬言"我要做一件大事给你看"，为此储备知识并到处炫耀。这样的人，则不会有这种体验。

这种人什么事都做不成。

没有体验过"母爱"的人，则不具备生存所必需的能力。

有人信仰宗教是为了提升自己，也有人是为了利用宗教逃避自己的责任。

同一种宗教，有人利用它把自己的现实逃避正当化，也有人被这种宗教救赎。

问题不在于宗教本身，而在于是利用宗教提升自己还是扼杀自己，在于这个人面对宗教的态度。

借用弗洛姆的说法，问题在于是生产性构造，还是非生产性构造。

这些真义，全都是"提升自己"。

经常听到"宗教是民众的鸦片"这一说法，因为有人利用宗教来实现对现实逃避的正当化。实际上，说这句话的人，他本身并不是在否定宗教，而是提倡享受当下。

人类的终极智慧是"不要逃避"

无论是政治思想还是宗教，但凡优秀的思想，在"不要否认现实""不要逃避现实"这一心态上都相同。

对人类在这一点上有共性的认识，无疑能解救人类。

对现实逃避和现实否认予以明确否定，是人类的终极智慧。

简而言之，就是"不要逃避"！

有人以马克思主义的名义否定马克思的精神，也有人以佛教的名义否定佛教的精神。

这就是逃避现实的人。

为了把自己的现实逃避正当化的思想、宗教，世俗中屡见不鲜。

问题在于，这个人对自己所信仰宗教的态度和这个人对自己所信仰政治思想的态度。

信仰的宗教是什么，无所谓。信仰的政治思想是什么，也无所谓。

关键在于，对于自己"信仰的思想"，采取了什么样的态度。

如果是以既不否认现实，也不逃避现实的态度去面对，不同宗教的人也能共存，不同思想的人也能共存。

但是，如果面对的态度是非生产性构造，即以否认现实、逃避现实的人生态度面对的话，即使是同一种宗教、同一种思想，也会互相反目、互相残杀。

再次强调，人类的终极智慧，是"不要逃避""不要否认现实"。

现实否认是一剂麻药，没有什么比逃避更有"魅力"。正如有的人从来克服不了麻将和酒精一样，有的人永远都克服不了逃避。

再怎么歌颂和平，这些人一旦走投无路，还是会积极推进战争。

向先哲们学习，在天国与地狱的岔道口上别走错

活着很艰难。但是，苦难通往成长与救赎。

即不防卫自我价值，不逃避现实。

罗洛·梅的看法是，"逃避"是"不安的消极回避"。

酒既可以是"酒为百药长"，也可以是"恶魔之水"，两者都有可能。为什么喝酒的动机决定了它成为哪一种。

为了逃避现实而喝酒，它就变成"恶魔之水"；为了乐趣而喝酒，它就变成了"百药之长"。

人生同样如此。如何面对人生决定了你是走向天国，还是走向地狱。

本书正是为了向先哲们学习"在天国和地狱的岔道口上别走错"。

不安时，任何人都想解决不安。在为了解决不安而努力这一点上，大家都一样。不同的是解决的态度。

有的人明明想解决问题，却把问题搞得更严重；有的人为了解决问题而努力，并真正解决了问题。

很多人一边逃避问题，一边假装在解决。比如宗教依赖症和政治过激主义。

应该怎么做到为了解决而努力并真正解决问题呢？

即在感到不安时，努力叩问自己"自己到底对自己隐瞒了什么"。

努力通过不安，把自己无意识中的某种东西意识化。努力搞清楚"自己现在没有意识到什么"。

自己的无意识中，存在问题的症状是什么？

比如，在人际关系方面一败涂地。但在自己看来，只觉得"我没有问题"。

自己这么努力，为什么所有的结果都是坏的？

接受这种症状，就是面对现实、直面自己。

不安时，努力接受自己，朝那个方向掌控自己的人生航程。

在逆境中受苦，可以排掉内心的毒素。所以鼓足勇气去吃苦吧，把毒素全部排掉。

吃苦，可以医治性格上的弊病。

当毒素被全部排掉，就要做好下一步迎接幸福的准备了。

没吃过苦的人，不可能幸福。

有的人因为自己长得不漂亮而产生自卑感。

而有的人觉得尽管自己长得不漂亮，却也有自己的优势，活得积极向上。

前者是不付出努力却想收获幸福的人，固执于自己长得不漂亮所以不幸福的立场。

后者则是为了获得幸福而不惜付出货真价实的努力的人。

最后，我想引用温伯格的一句话：

逃避真实这件事，会比真实更令人感到恐怖。

人生中存在生存和实存的问题。

人生中，有许多靠政治民主主义制度的确立、经济的繁荣、科学技术的进步等解决不了的问题。

正所谓，上升志向，无法解决人生中的所有问题。

这是实存的问题。

本书未从生存的角度讨论人生的诸多问题，而是从客观的角度讨论了人生的诸多问题。

教会我们生存方式，教会我们思维方式，如今，不仅孩子，所有人都在大喊。

向先哲请教。

本书也得到了多年来为我编辑图书的大久保龙也氏的鼎力支持。

加藤谛三

平成三十年一月